寻味米其林

米其林女孩的“摘星”笔记

凯迪 著

北京出版集团
北京出版社

图书在版编目（CIP）数据

寻味米其林 ：米其林女孩的“摘星”笔记 / 凯迪著. —
北京 ：北京出版社，2021.6
ISBN 978-7-200-15942-4

Ⅰ. ①寻… Ⅱ. ①凯… Ⅲ. ①饮食—文化—世界
Ⅳ. ①TS971.201

中国版本图书馆 CIP 数据核字（2020）第 190672 号

寻味米其林
米其林女孩的“摘星”笔记
XUNWEI MIQILIN
凯迪 著
*
北京出版集团
北京出版社 出版
（北京北三环中路 6 号）
邮政编码：100120

网　址：www.bph.com.cn
北京出版集团总发行
新华书店经销
北京瑞禾彩色印刷有限公司印刷
*
880 毫米 ×1230 毫米　32 开本　6 印张　192 千字
2021 年 6 月第 1 版　2021 年 6 月第 1 次印刷

ISBN 978-7-200-15942-4
定价：59.00 元
如有印装质量问题，由本社负责调换
质量监督电话：010-58572393

序

我是如何走上美食博主这条路的

3年前去欧洲研读旅游管理，说白了就是打着学习的名义看世界。旅居生活从北欧童话王国丹麦开始，大多数时间我都待在一个几百人的小镇。我们三四十个国家的留学生，好像一个迷你联合国。在物价高到令人心痛的北欧，怎么填饱肚子成了生活里最重要的一课。

只会西红柿炒鸡蛋的我，从零开始学习“西餐”，煮意大利面，选奶酪，熬圣诞节特供的米布丁。运气很棒的是带我入门的师父，也是我合租的室友们，都是世界各国的一等大厨。

我的大胡子意大利朋友曾经用红酒瓶在餐桌上擀出巨大的面皮，调肉馅和酱料，做出40人吃的“肉酱满溢千层面（lasagne）”。偶尔我去其他朋友家串门，在奥地利姑娘那儿吃奥地利国菜炸猪排（schnitzel），在西班牙汉子家吃厚煎的土豆饼（totilla de patatas），抱着两盒牛奶去法国同学家，拿平底锅煎薄煎饼（pancake）。

短短半年，我的厨艺没啥长进，却学会了像当地人一样评价一种食物正不正宗。比如意大利面要煮到带一点点白芯的状态，不软不硬，才是最好的火候；西班牙海鲜饭，必须得是夹生的米粒，要是煮过了头，就是冒牌货。但是到此为止，我还是高举着“中餐万岁”的大旗，反复强调，中国食材的多样性、烹饪手法的复杂度，甩世界上绝大多数国家3条街，什么法餐、意料，都不如火锅。

后来，我在欧洲到处乱窜，吃过了不少当地朋友推荐的“一生必去”的特色餐厅，也不幸踩了很多雷，从布鲁塞尔街头一锅热气腾腾的白酒焗贻贝，到布拉格一个甜蜜烫手的车轮面包，乃至某些国家诡异的香肠，真的都是非常难忘的回忆。

我在欧洲的第二年，是待在西班牙北部的一个小城——赫罗纳。这个地方不太出名，却有世界上排名第一的米其林三星餐厅——Celler de Can Roca。这是一个很神奇的事，小小的一座城，藏着许多家各有特色的米其林餐厅，所有来这里的游客，都会念叨着米其林，就好像高迪之于巴塞罗那，火锅之于成都。感觉遥不可及的高级料理就在身边，平时在古城里闲逛，就无数次与之擦肩而过。

后来因为学术研究的机会，我逐渐和世界知名的米其林大厨们打成一片，不仅有幸受邀到府上做客，偶尔还能尝到最新的特色菜单，而餐厅的酒窖和神秘后厨，也成了我停留时间更久的地方。所以我很骄傲地成了朋友圈里最了解米其林的人，偶尔会回答一下关于顶级美食的终极问题——

米其林好不好吃?

好吃！两三千一顿饭，能说不好吃吗？通常来讲，一星餐厅多数是口碑不错、价位中等的老店或小馆子，类似于中国的网红餐厅，但是不会疯狂地开分店；二星就得在食材和酒上有些特色，比如特供的鱼子酱、珍藏的拉菲，还得有些很玄的故事，比如“一生只煮一碗面”之类；到了三星，就不是好不好吃的问题了，而是吃不吃得到，比如万里挑一的白鲟鱼鱼子酱、分子料理级别的人造草莓，做法极其繁复让别家店难以效仿，总之是制造了许多壁垒，把食物上升到艺术的高度，让众人仰望。

布拉格车轮面包

贻贝

西班牙小城赫罗纳

米其林吃不吃得饱？

脸大的盘子一口菜，还那么贵，吃不起！是不是很多人都这么想？但其实米其林的套餐，可以从人均50元到人均300元，也可以上不封顶，选择空间很大，并没有想象中那么高贵。另外，虽说看起来分量少，耐不住盘数多，最多的一次，我吃了一个16道菜的套餐。鱼肉、羊肉、海鲜、甜点加起来30多盘，撑炸了。

但我更想说的是，我们已经不在乎一件衣服结不结实，暖不暖和，而是极力追逐时尚款式。为什么在吃这一方面，还在纠结好不好吃，吃不吃得饱呢？

"For live，for fun，for study。"我对异域美食的接触，一开始是为了填

花式小蛋糕

饱肚子，然后大胆去寻找和尝试特色，最后竟然在一个美食之都，从学术的角度潜心钻研起美食。入了门我才发现，原来这里面大有乾坤，评价一道菜，绝对不只是好不好吃、吃不吃得饱这么简单，还要看到美味背后的理念。

令我印象最为深刻的是山谷里的一尾鱼。那是在意大利北部山区里的一家农家乐餐厅。盘中，当地银匠把银片“V”字对折敲打出山谷的褶皱和纹理，在谷底静静地躺着一方鱼肉，那是一种只有在当地才能吃到的河鱼。

从山川到河流，厨师用一条鱼讲述了自己家乡的故事。这是我第一次感受到美食的意义——它是一个载体，能够生动地承载文化、艺术、自然，乃至任何事物，超越了语言和学识的壁垒，让吃儿童餐的小朋友和我不懂英语的奶奶，都能在一顿饭的时间里感受异域风情。

在赫罗纳的这段时间，我最重要的课题研究就是关于当地的美食。还记得晴朗的秋天教授开车带我们跑到大山深处参观有机农场和奶酪坊，自己采了野蘑菇，然后做白蜗牛和山鸡当底料的西班牙烩饭，去寻找所谓美食的真谛。

所以我觉得美食博主不只是告诉大家“好不好吃”“吃不吃得饱”这样的问题，还可以让更多人能够从一盘菜里看到它配方的传承、灵感的展现，甚至能够见风土、见万物。

这几年，我还收集了许多美食背后的有趣故事。来自法国安纳西湖的小龙虾，如何表现湖水的生态和传统捕捞技术的传承，甚至融入日本禅宗的“枯山水”，以至于卖出两万元的天价。在南美亚马孙雨林里和萨满法师一起祭祀，在烟雾缭绕里借草药寻找前世，也大胆品尝狰狞恐怖的食人鱼之味。在意大利的深山里跟随母猪，好奇用鼻子拱出来的黑松露有什么奇异的香味……

我觉得，当我把这些美食故事都讲出来的时候，就可以理直气壮地当一个美食博主了。

在我的自媒体“米其林探店”更新一年后，陆续有很多朋友，以及朋友的朋友开始对这个招牌感兴趣，他们有人自己兴冲冲地跑去大吃一顿，然后丧气而归，跑到我这里来讨说法：“为什么我吃的那家米其林，还没有家门口的

意大利山谷

河谷里的鱼

小店味道好？是这米其林评选得不专业，还是我没吃明白？”

我尝试着和身边的朋友耐心解释，却发现一顿饭的时间，很难让他们理解这个招牌的寓意。就好比世人都说《红楼梦》写得好，有人潦草看完了剧情梗概，自己总结为“二女争一男”的烂俗三角恋故事，觉得毫无美感。殊不知这书里的诗词歌赋，甚至是人名、地名都大有讲究，就连一道菜都是故事，真要仔细研究下来，几本书都说不完。米其林作为美食界最受认可的榜单，所评选的已经不仅是一盘菜好不好吃，而是要把这盘菜放在一定的环境背景里去分析它的价值。因此在这本书的开始，我希望大家先抛开心中的疑惑，不去纠结“米其林好不好吃、吃不吃得饱”，跟我一起了解真正的美食是什么样子的。

分子料理

目录

第一章

外国人的一日三餐

我在欧洲的两年时间，长期浸润在西餐的世界里，几乎吃不到中餐，只好努力克服自己偏爱中餐的习惯。当时看来迫于生计的无奈之举，却在日后点评食物时起到了作用，让我能从更客观的角度来看待一盘食物。

当我的舌头跳脱舒适圈，以国际标准来衡量食物是否美味的时候，才发现原来自己对酸甜苦辣的判断如此狭隘。日本的刺身、印度的咖喱，法餐的酱汁、中餐的火候，各自暗含乾坤，不是吃一两次就能体会得到的。

中国美食博大精深，以至于人们对听起来很有距离感的西餐有了更多期待。而当我在欧洲实际接触西餐的时候，才发现原来他们平时吃得十分简单。早餐一杯咖啡，中午冷吃三明治，晚上煮一锅意大利面或者土豆炖肉，这几乎就是当地人生活的全部。我尝试着和当地人一样煮菜做饭，适应夹生的米饭和各种千奇百怪的奶酪，慢慢颠覆自己的“中国味蕾”。

初识西餐

大多数人最开始接触西餐，应该就是肯德基和麦当劳。这两者有一点区别：麦当劳主要是以纯肉的汉堡为主，而肯德基则是以卖鸡翅、吮指原味鸡等含有骨头的炸鸡为主。“有没有骨头”看似简单，在使用刀叉的西方，却截然不同。在物资丰富的北欧国家，超市里可以买到方方正正的一大块鸡胸肉，碗口粗、半米长的猪五花，却找不到鸡翅、鸡爪和鸡骨架——在这些地方，人们只会用刀叉吃整块无骨的肉。因此，在北欧，虽然经常可以看到麦当劳，却少有肯德基，因为当地人不太习惯从嘴里吐出鸡骨头的感觉。

再高级一点的西餐，就是必胜客了。记得我第一次吃必胜客的时候，有点紧张，尝试着左手拿叉、右手拿刀，笨拙而又努力地切下一角比萨放进嘴里，觉得自己优雅极了。在20多年前的中国，吃一顿西餐，还是非常有面子的事情，虽然多数人面对着带血的牛排无从下口，几乎要靠面包填饱肚子，而且要花一笔不少的钱。那个时候，人们对西餐往往有一种敬畏的态度，花了这么多钱，又是高级料理，能不好吃吗？不好吃肯定是因为自己吃不惯，不好吃也得说好吃。

我刚刚走出国门的时候，对西餐的认识，也就这么多。飞机落地，我就到了“世界上最幸福的国家”——丹麦。

休息过来后，我还没精力自己下厨做饭，想出门简单吃点东西填饱肚子。我在小镇里绕了好久，也没见到“煎饼馃子”“台湾手抓饼”“沙县小吃”这样的路边摊，连简单的小吃店也没有，街道两边都是精致如画廊一样的

设计店铺，大落地窗前陈列着水晶玻璃杯盘或者搭配好的极简风服饰，画面很美，却少了点国内的烟火气。我后来终于找到了一个卖热狗的小店。在选热狗前，我先点了一个蛋卷冰激凌。金发碧眼的服务生问我是否想在冰激凌上加一点巧克力酱，我很高兴自己听得懂她的意思，赶紧点了点头。随后她又给我推荐了一种丹麦特有的糖浆，白色、黏稠，类似酸奶的质地。正当我感慨丹麦人对外国朋友如此友好，买一个冰激凌还会附赠两种酱料的时候，这种白色糖浆的齁甜味就刺激到了我，迫于无奈我现场又买了一瓶矿泉水。买单时我傻了眼：蛋卷冰激凌25元，巧克力酱5元，糖浆10元，矿泉水10元，整整50元！而它只是一个口感非常普通甚至比不上麦当劳甜筒的冰激凌，既没有哈根达斯如广告宣传语“爱她，就带她吃哈根达斯”的浪漫，也没有“网红”冰激凌店的独特口味。

我被这个冰激凌的价钱吓得顾不上买热狗，仓皇而逃。毕竟对于一个囊中羞涩的留学生而言，50元买一个蛋筒冰激凌实在是太不值了。从这以后，我就放弃了探索丹麦美食的念想，决定接下来的半年全靠小厨房自力更生。

难怪有调查数据显示，丹麦人很少外出聚餐，平均每人每年在餐厅用餐的次数只有一次半。

我在超市里逛了一圈，发现巧妇难为无米之炊，自己在国内拿手的几道好菜没有原料，只好拿鸡腿替换鸡翅中来做可乐鸡翅，黄瓜条铺底代替葱丝做京酱肉丝。我仔仔细细找遍了超市的角落，终于买到一小瓶吃寿司蘸的soy sauce，也就是我们常说的酱油，也顾不上研究是生抽还是老抽了。而必不可少的醋，倒是煞费苦心请店员帮我找来了一瓶。

醋熘土豆丝上桌，那股刺鼻而劣质的酸味让人难以下咽，与我合租的德国小伙委婉地告诉我："凯迪，你买的那瓶醋，是用来清洗马桶的醋酸，不能用来炒菜。"

那天我忍不住对家里人抱怨国外的生活，妈妈天真地给我讲，吃不惯当地的东西，总可以自己煮碗凉面，擦点黄瓜丝，撒上一小撮虾皮，拌上麻酱。我非常无奈，因为这里的黄瓜要5元一根，不是家乡那种顶花带刺的脆生生的黄瓜，而是皮厚到刀切不动，毫无黄瓜味的另外一个品种。没有虾皮，没有麻酱，就连普通的挂面，都要跑好远去专门的亚洲超市买。

在经历了最初的波折后，我决定向我的外国同学们学习如何养活自己。和自力更生的他们比起来，中国留学生看起来有些"四体不勤，五谷不分"。放学后的傍晚，大家做好了自己的晚餐，端到屋外的木桌上，欣赏着湖景落日，来一顿世界美食大荟萃。我震惊于他们食物的美丽：硬硬的法棍切片放进烤箱烤得焦脆，西红柿一切两半在面包上粗粗地抹几下，自然成熟的西红柿带着饱满的籽，汁水浸泡着面包，就是经典的西班牙餐前小吃（tapas），它在西班牙美食界的重要性，不亚于中国的蛋炒饭；贝壳形状的意大利面，用加了罗勒叶的酱汁翻炒，嫩绿配上奶白，就是意大利非常有名的"青酱意大利面"；

德国人切两片粗粮做的黑面包片，中间整齐地摆放着奶酪片、西红柿片、生菜，棕色、黄色、红色、绿色的鲜艳配色以及漂亮的线条，让我忍不住心动。和这些色彩明艳又摆盘精致的晚餐比起来，我那黑乎乎的一坨酱油肉丝，确实有些上不了台面。聊天时，我也感受到各个国家在“吃”这件事上的讲究。在中国人看来一概而论的“西餐”，其实也有非常细的地域区分。

必胜客里很受欢迎的一款经典美食“肉酱满溢千层面”，其实是一种意大利面。就像中国的面食可以细分出葱油拌面、刀削面、裤带面、牛肉拉面等一样，意大利面也有自己的“家谱”。最常见的长而细的意大利面，是spaghetti；圆柱状空心的短条，就是俗称通心粉的pasta，那些大大小小的蝴蝶结形状的意大利面，以及浪味鲜一样卷卷的短棒，每种叫法都不一样，但几乎都可以统称为pasta；而像中国的馄饨一样包了奶酪或者肉馅的意大利面，则有自己特有的名字ravioli。在如此众多的意大利面里，千层面是我最喜欢的。

通常在超市里可以买到一盒盒的硬干面皮，自己调出肉馅，在烤盘里铺一层肉馅、一层芝士碎、一层面皮，层层堆叠，最后浇上浓浓的芝士面糊，上烤箱烤熟，就是家庭版千层面了。讲究一点的意大利人还会自己和面、手擀面皮，素食主义者们会把肉馅替换成南瓜泥加奶酪的馅料，当然对食物有着严格标准的意大利人会直言“没有肉馅的千层面不配被称为肉酱满溢千层面”。这道菜在意大利的邻国希腊有了一点本土化的改革，希腊人会用茄子或西葫芦切成大而薄的片替代面皮，吃起来会有不同的风味。此时，意大利面的正统传人意大利人在评价时，会非常犀利地指出“味道不错，但是做法不太对”。

简单一碗面，细分下来都有各种讲究，更不用说那些复杂的牛排、法餐几道式、红酒搭配。很少有人能脉络清晰地梳理出所谓正宗的西餐，只能靠多吃、多讨论，慢慢摸索生成自己的判断，何为正宗，何为好吃。因此你看，在讨论米其林餐厅之前，有这么多工作要做。

Pasta

Ravioli

大厨的厨房

我开始跟着我的大厨朋友们学做一些简单易上手的菜。

第一道，便是茄汁意大利面。在欧洲吃饭，完全无法绕开意大利这个国家，它创造的许多接地气的大众美食，比如比萨和意大利面，简直就是中国的米饭与面条，几乎是饮食的基础；而茄汁意大利面，其地位不亚于中国南北皆宜的番茄炒蛋。

又长又细的意大利面煮起来有什么讲究呢?

最恰当的火候，应该是面中间还带有一点点白芯的状态，这时候的意大利面口感比较有弹性有嚼劲，不会软成一坨。意大利人甚至专门为火候刚刚好的意大利面发明了一个形容词“al denta”，这个词现在更多地用来形容生活中一切“刚刚好”的事物，比如天气宜人，温度刚刚好；房间的空间布置不空也不挤，布局刚刚好。

如何判断一份意大利面煮得火候合适呢？有一个非常有趣的方法：捞出一根面，甩到墙上，如果面可以黏在墙上不掉下来，那么就可以出锅了；如果面掉到地上，就证明还不够软，得再煮一会儿。

意大利人心目中刚刚好的意大利面，在中国吃客看来稍微有些夹生，同时也不容易浸入酱汁的味道，显得有点寡淡。为了提升意大利面的口感，有一个小窍门：“海水煮面”——在煮意大利面的水中加一勺盐，用盐水煮出的面略微带一点咸味。

而配意大利面的“浇头”，也有些讲究。

洋葱切碎炝锅，放入牛肉末煸炒，可以适当加入一点“东方酱汁”，也就是我们常用的酱油。随后放入新鲜的番茄丁以及一盒番茄罐头，慢慢熬炖。茄汁意大利面的灵魂就在于，用番茄罐头和新鲜番茄混搭，产生更香浓的番茄味，同时新鲜番茄不至于熬化，还可以嚼到。适当放盐调味，最后出锅前撒入马苏里拉奶酪丝收汁，酱汁就做好了。和我想象中的做法比起来，要复杂一些。

我曾经觉得无比惊艳的西餐摆盘，原来也没有很复杂。意大利面铺底，浇上两勺拉丝的番茄肉末酱汁，从花盆里摘两片罗勒叶装饰在酱汁上，这个点

意大利面

升级版意大利面

缀一下子让朴素的意大利面有了美感。如果想要更精致一些，可以在意大利面上桌后，在上面撒一点研磨的黑胡椒粉调味。家常版茄汁意大利面就完成了。

但是，绝对不要因为这份意大利面，天真地以为外国人都是大厨。在他们看来，这份意大利面已经算是工艺有些复杂的食物了。通常，他们会煮满满一锅通心粉，连吃3天。通心粉比意大利长面条好的地方是不会放久了吸水粘连，可以每次盛出两大勺，简单加热即食。而作为一个有着丰富的食物选择的中国人，我完全无法接受连吃几顿意大利面，因此开始学习新的料理。

第二道菜，我瞄上了法国的甜点。大名鼎鼎的法国蓝带厨师学校，培养出了世界上一流的甜点大师。不得不承认，西式的甜点，确实是在它们的发源地更能让人领略到魅力。虽说欧洲的食材种类匮乏，但是甜品却让甜食爱好者迈不开腿。橱窗里摆满了诱人的甜点，有造型美丽的水果挞、蛋奶酥和各种蛋糕。

法国同学有一天心血来潮要教我做pancake，也就是我们在甜品店里常见的薄煎饼，往往装饰着糖浆、奶油、糖粉，以及草莓、蓝莓等水果，十分美味。原来做薄煎饼的原料非常简单，只需要牛奶、面粉、糖和水。将原料兑成面糊，舀一勺倒在平底锅里，加热煎熟就好，连油都不用放。煎好的薄煎饼软软糯糯的，一层层摞起来，用蜂蜜和巧克力榛仁酱淋上“井”字花纹，再切几片香蕉或者舀一勺果酱，卖相很不错。在骨子里充满浪漫情怀的法国同学的指导下，我的摆盘也越来越精致了，有一天居然创造性地把草莓切成了一朵玫瑰花，原来所谓的艺术审美，真的可以后天培养。

说起薄煎饼，不得不夸一下这超级不粘锅，我在回国后尝试复制这道薄煎饼，却因为锅不够给力砸了场子。不同于中国大厨的大铁锅和“一刀切所有”的菜刀，西餐的厨具分得非常细，搅拌、研磨，切肉的刀、切菜的刀完全不同；炖煮、煎炸、烧烤的锅，各有分工。尤其是德国的厨具，是传说可以留传给下一代的传世精品——大名鼎鼎的双立人刀具就来自德国。

我突然非常感慨，在食材这么单一的欧洲，能诞生那么高档奢华的法式料理，真的非常不容易。

薄煎饼

丹麦味道

在丹麦许久，我都没有吃到过正宗的丹麦美食。平时常见的餐厅，多数是意大利比萨店，或者当年越南移民开的东南亚馆子，一碗牛肉河粉卖到100多元。

在超市，青椒、洋葱、土豆、番茄、卷心菜，以上5种几乎占据了蔬菜区一半的地盘。随后是切小片的各种生菜、胡萝卜、紫甘蓝等混合净菜，A4纸大小的一包包装好，方便人们买回家拌上酱料就可以吃。因为多了“切片”这一人力加工工序，这包净菜的价格也翻了一番，我从来没有舍得买过。

在大一点的超市里，可以买到白菜。中国北方冬天的必备蔬菜，在丹麦有了一个亲切的名字“Chinese cabbage（中国卷心菜）”，由此看来，这白菜就像中国的意大利面一样，是一种特有的进口产品，价格自然也很不友好，一棵白菜大约要40元。

日常能买到的肉，不外乎鸡肉、猪肉、牛肉，以及鸡肉馅、猪肉馅、牛肉馅。

出了国门才能体会到中国的地大物博，在食材丰富性方面，确实少有国家能和中国媲美。绿叶的蔬菜，从油菜、菠菜、茼蒿到豌豆苗、莜麦菜等；肉类除了整块无骨的肉，还可以吃血旺、毛肚、大小肠、翅尖、凤爪、鸭舌，更不用说烤后油汪汪、香嫩嫩的七里香（鸡屁股）。而且，中国还有丰富的豆制品，豆花、豆腐、豆干、豆皮、腐竹，随便走进一家自选麻辣烫馆子，都起码有几十种食材供人挑选。而在国外，特别是高纬度地广人稀的北欧，超市里多数是耐储存的根茎类家常蔬菜，再就是家庭装大分量的罐头食品——番茄罐头、酸黄瓜罐头、白芦笋罐头，毫无多样性可言。我曾经想咬咬牙在丹麦买一个西瓜解馋，痛下决心之后，却发现超市里已经没有西瓜卖了，店员告诉我说这里的西瓜都是从西班牙或摩洛哥进口来的，每周上新一次，售完为止。那年秋天，我在不经意间错过最后一次西瓜上新后，再也没有在超市里见到过西瓜。

丹麦唯一有优势的食材，大概就是千奇百怪的各种奶酪了。讲究有机牧场和绿色食品的丹麦有非常优质的奶源，也保证了奶酪的品质。被快餐喂大的北美朋友曾经形容丹麦有“real cheese（真正的奶酪）”，来表达对丹麦奶酪的喜爱。这里的乳制品往往不加太多添加剂，拆封后几天不吃就长毛，火腿也会发霉。

在中国经常吃到的所谓的“芝士火锅”，或者必胜客的芝心比萨，通常用的是一种非常大众的奶酪——马苏里拉奶酪。它的奶味比较清淡，不会有太浓的膻味，所以大多数人都能接受。马苏里拉奶酪在水分较多的时候，通常是一个橙子大小的白球，硬度接近中国的卤水豆腐。奶酪切成厚片和番茄片1∶1搭配，装饰上绿色的罗勒叶，就是一道非常经典的前菜——意式番茄沙拉（caprese salad）。而干的马苏里拉奶酪一般被擦成丝，在做比萨或者意大利面的时候撒在上面，靠热度慢慢使其软化拉丝，看起来让人十分有食欲。最干的马苏里拉奶酪会被磨成粉，意大利餐馆往往会在客人落座后端上一篮面包片、一小碗奶酪粉、一瓶橄榄油，算是餐前垫肚子的小食。

第一位丹麦国王登基时已是10世纪，此时的中国，“一骑红尘妃子笑，无人知是荔枝来”的盛唐已经结束，中国对美和奢靡享受的追求已达到一个巅峰，而丹麦刚刚开始自己的文明。

时间往前推2000年，周天子御膳有羹汤菜肴120道、酒醋酱料36味、米黍饭食之类30余种，合计180多种。在中国的饮食文化已经发展到讲究阶级

各式各样的
奶酪

加热后拉丝的马苏里拉奶酪

和礼仪时，世界上很多地方的饮食文化还处于初级阶段。

因此，想在丹麦寻找一些“传统美食”，确实不是件容易的事。

普通丹麦人家的餐食非常简单，早餐只是一杯咖啡配片面包，最多就是涂抹上黄油、果酱等酱料。如果有鸡蛋，那就非常丰盛了。

据说丹麦有世界上最美味的热狗，于是我在集市上尝了一次。那时候丹麦已经进入阴郁而漫长的冬天。10月底的一天，教授说我们将道别丹麦最后一缕阳光，当时大家以为他在开玩笑。没想从那以后，白天越来越短，上午9点多天才亮，下午4点前就彻底黑下来了。无事可做的丹麦人就想办法去创造一个个节日，今天啤酒节，明天烟花节。人们集中在市政厅前的空地上喝着酒，非常热闹。这时候人们会支起火架，上面平摊一个圆桌大的铁丝板，粗粗的肉肠被烧热的铁板烤得刺啦冒油。要吃的话，一张厚卡纸上放一个鸡蛋大小的面包，卡纸一角挤上黄芥末酱、番茄酱，外带一根香肠。人们就这么围着火架，站在那儿吃掉这个满满都是鲜嫩的肉粒的热狗。

热狗是好吃，可不足以好吃到让人大老远跑过来吃一顿的地步。

曾经有丹麦的朋友邀请我去家里做客。通常来讲，中国人邀请朋友到家里做客，必然少不了一顿大餐，吃意大利面吃腻了的我也非常期待能有机会改善一下伙食。丹麦的朋友非常热情，特意强调说早上专门去码头买来了鱼。

我没想到吃的是冷的三明治。早上买的鱼煎好了放在冰箱里，中午拿出来，一片面包打底，铺上冰的鱼肉、冰的罐头虾仁、罐头装的腌白芦笋，挤上厚厚的美奶滋酱，再盖上一片面包，请我享用。

已是穿毛衣的季节，一口热汤也没有，冷的三明治配上带冰块的可口可乐，这人生第一顿正式的丹麦料理，着实让我震惊。

我一开始以为这只是偶然。不久后和两个朋友一起去安徒生故居游玩，中午走进一家拥有200多年历史的知名餐馆，想着大吃一顿，尝尝真正的丹麦美味。第一道菜上来，是3个不同口味的三明治。一个三明治里夹了虾

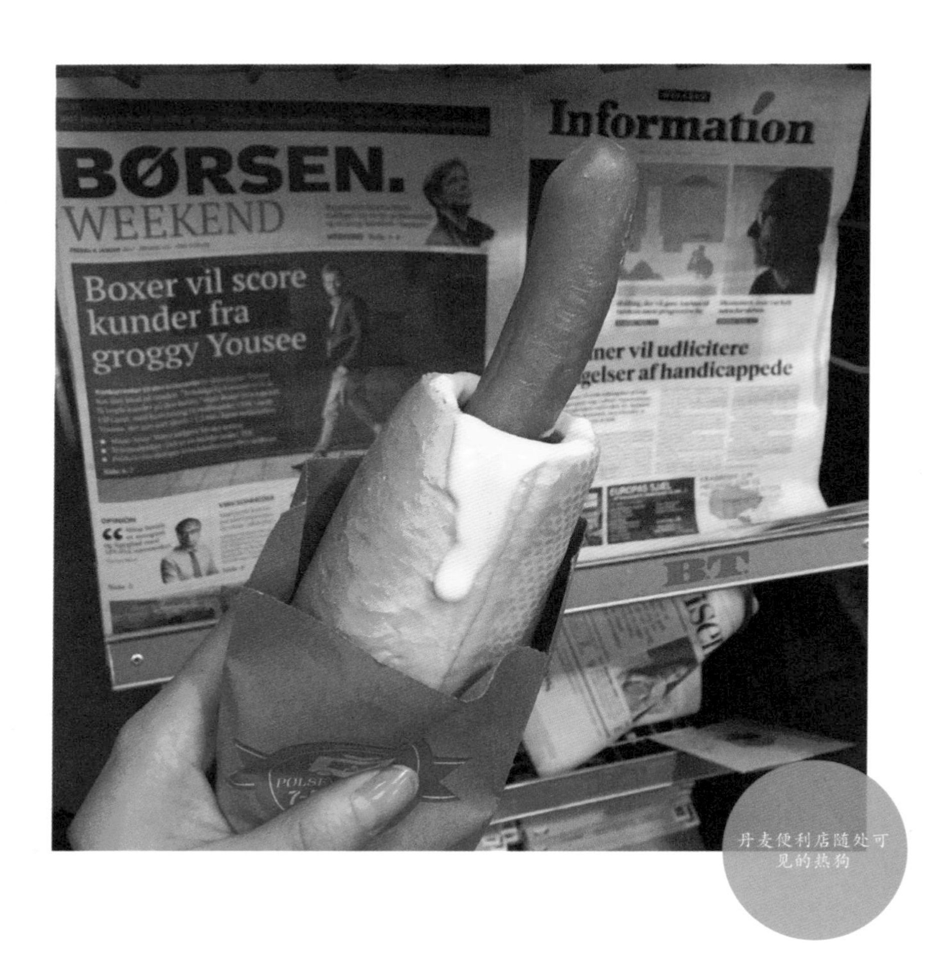

丹麦便利店随处可见的热狗

仁，一个夹了溏心鸡蛋，还有一个夹了薄薄的牛肉片，3个三明治175元。自此以后，但凡有朋友问我丹麦特色美食是什么，我就回答3个字：三明治。

好吃吗？不太有印象了，只记得当时满脑子都是如何用仅有的一点食物填饱肚子，再不敢奢望更多。

三明治

丹麦招待客人的4人晚餐，只有1道菜——土豆炖猪排

那时候我逐渐明白了美食与文明的关系。一个地方，唯有物质丰盈到一定程度，人们安于享乐，才会有闲情逸致去享受生活，去钻研如何吃得更好。所以那些历史上饱经战乱苦难的殖民地，人们往往忙于生计，挣扎着在枪林弹雨中存活下来，根本没有心思去研究什么美食，自然也就不会有什么美味流传下来。

所谓钟鸣鼎食，仓廪实而知礼节，衣食足而知荣辱。在人类文明的发展过程里，从食不果腹到食不厌精，世界各地诞生了越来越多的美食。

丹麦美食

黑暗料理

食材匮乏的北欧没有太多让人惊艳的美食，那么大名鼎鼎的法餐，总不会让人失望了吧？我第一次到法国的时候，对法餐了解不多，只知道鹅肝、生蚝、松露、鱼子酱是非常名贵的食物，但这些都不在自己预算范围内。

降落到巴黎的第一夜，我如愿以偿看见了亮灯的埃菲尔铁塔。

我们这代人，没有不向往巴黎的。当我真正来到巴黎的时候，印象里的凯旋门、卢浮宫、香榭丽舍大道，都好似前世见过一样出现在眼前，那种激动与喜悦，我几乎没有在其他城市再体验过。

就在埃菲尔铁塔下，我和朋友决定吃一顿正式的法餐。虽然知道这世界级旅游景点边的餐厅自然是“宰客”没商量，但在埃菲尔铁塔下吃法餐实在是太浪漫了，以至于让我们两个不理性的女人，心甘情愿为自己的冲动买单。

毕竟是世界上最有情调的法国人，就连普通的服务生，都可以用英语不露痕迹地“撩妹”：“天啊！小姐，中国的女孩都像你们这么美吗？我是否有荣幸来为两位东方美人服务呢！”

看一眼花体英文菜单，只有炸鸡、牛排、香肠几个单词认得出来。我选了香肠，服务生意味深长地告诉我：“这可是法式香肠哦。”

不管什么东西，只要加了“法

有的高级餐厅会提示着装要求（dress code），
通常是商务风或鸡尾酒晚宴的简约风。
男士穿衬衣一定不会错，
女生通常穿裙装，化淡妆就可以了，
不需要太过正式。

巴黎埃菲尔铁塔

理想中的法餐

式”二字，身价必然上涨。

然而万万没想到，上桌的居然是一整节饱满粗大的猪大肠，这诡异的造型和腥膻的味道着实惊到我了。我强忍着切开大肠，里面满满塞着层层叠叠的

法式香肠（猪大肠）

猪小肠，浓重的味道让邻桌的客人都忍不住侧目。我尴尬地捂住嘴，在世界上最浪漫的地方，我本以为自己会优雅地喝着香槟，吃一顿难忘的高级法餐，却不料面前摆放着一截猪大肠。它几乎击碎了我对法兰西的所有幻想。

后来，我又去了意大利。同样是英文菜单，餐厅在复杂的不知所云的名字后面，贴心地备注了食材介绍。看到熟悉的“牛肉和奶酪”，感觉这下不会出错了，牛肉无论是煎还是炸，都不会太难吃。没想到不一会儿，服务生端上来一盘生牛肉片，铺在绿叶蔬菜上，牛肉片上撒了一点奶酪碎，如果不是身在意大利，我会以为这是一盘火锅店的肥牛。这盘生牛肉片，我就这样混合着橄榄油和柠檬汁，一口一口咽下去。后来才得知，这生牛肉片是意大利非常有名的前菜，叫carpaccio，选用新鲜菲利牛肉，食材的成本就很高，自然价格不菲。而我生吞肥牛卷的阴影久久无法排解，也对异域美食有了更深的理解。

在国外待久了，也会想家。身体发肤最开始有思乡情愫的，就是舌头了，它开始想念家乡的味道。韭菜鸡蛋盒子里那一抹绿意，红油火锅里的二荆条辣椒，早点摊香甜的豆浆，凡此种种。所以，当我在奥地利看见菜谱上熟悉的“饺子”时，其余的食物都成了浮云。

大约60元，在国内，无论是虾仁馅儿还是蟹粉馅儿，总归十几二十个饺子，可以吃到撑，而我却最想念平时吃到腻的猪肉白菜馅儿。上桌一个碗大的铜锅，热乎乎的汤，汤里漂着两个“水饺”。此时，奥地利水饺在我眼里还只是中国馄饨的姊妹。而再仔细一看，所谓的水饺，是一大一小两个黑乎乎的肉丸，小一点的是猪肝丸，大一点的是芝士丸，吃到嘴里那种拉丝粘满口的咸腥味，让人印象深刻。后来我又陆续在不同国家吃到过各种诡异的水饺，但印象和感受都不及这一次来得浓墨重彩。

这是我作为一个旅人，在异国他乡的吃饭经历。可以说，如果没有美食指南和攻略，我们的旅行中应该会踩到很多“雷”，有时候是因为文化差异，有时候是因为口味差别。正因如此，《米其林指南》应运而生，它为世界各地的游客提供有口碑保障的餐厅推荐。

布达佩斯“饺子”，实际是淋了酸奶的炸糯米糕

第二章

入门米其林

在对西餐有了大致了解后，可能有人已经对西餐有点失望了。我也是如此。在欧洲生活的很长一段时间里，我都坚定不移地认为西餐简单枯燥，外国人不懂美食。后来有人提醒我：你都没有吃过真正的高级西餐，怎么能以偏概全说西餐不好吃呢？我虚心接纳了这个意见，也下了血本去品尝了传说中的米其林餐厅。当时我对米其林的初印象就是“很贵、应该很好吃的餐厅”，吃过后，我觉得自己并没有吃懂这顿饭。于是，我开始重新研究《米其林指南》，也因此打开了新世界的大门。

米其林星星的由来

大家可能觉得，书看到1/5，还和米其林没什么关系。不要急。我希望大家可以先了解一下米其林诞生的大环境。

1900年，法国公路上跑的汽车不过3000辆。一个名为“米其林”的做轮胎的公司，想着怎么增加产品的销量，就开始在修车点分发自己整理出来的旅行指南，希望这些有车一族能够多多驾车远行，以此来增加轮胎的损耗，也就能更勤快地更换轮胎。

这本旅行指南伴随着自驾游的兴起，越来越受人们的追捧。值得注意的是，米其林旅行指南服务的人群，是100多年前有车的阶层，相当于现在有私人飞机的富豪。起点不凡，这也奠定了米其林旅行指南的江湖地位。在互联网还未普及的时代，人们外出旅行，吃什么、玩什么、怎么走，往往要靠一本旅行指南和纸质地图“按图索骥”。普罗大众们背着登山包，依赖火车和大巴远行；而米其林的“粉丝”们则在仆人和助理的簇拥下，由司机开车，辗转于一家家高级餐厅和度假酒店，享受私人定制的专属旅行。

再来看米其林餐厅。“米其林”并不是一个世界连锁的品牌，而是一个餐厅榜单。在100多年的时间里，米其林逐渐推出了许多地方的榜单，这些榜单多数是以国家划分，每年更新一本《米其林指南》。像中国地域这么广阔，米其林也非常清楚短时间内没法吃遍每家餐厅并评出最好吃的，所以近几年只在上海、广州、北京试点，公布了这3座城市和多年前就评出的香港、澳门的指南。

环境幽雅
的餐厅

因此不要纠结为什么成都没有米其林餐厅，不是因为成都餐厅不够好，而是米其林的评审员还没有到来。

为了保证《米其林指南》的公正性，米其林评审员始终坚持匿名拜访和付费体验。而且，做米其林评审员也是一项技术活，并不是长着嘴能吃饭就可以胜任的。想要成为一名专业的吃客，必须要有多年的酒店或餐饮工作经验，甚至酒店管理的学术背景，同时要保证每年在 250 家以上的餐厅用餐，体验 160 晚不同酒店的住宿。试想一下，动辄耗时 3 小时的法餐晚宴，加上舟车奔波的路上时间，几乎每两天换一个地方，这确实是一个“高强度”的差事。更不用说，吃饭之余，还要绞尽脑汁去搜罗一些不知名的餐厅，至于写专业的测评报告，可能要在飞机上、下榻后赶着时间完成。

那么一家餐厅是怎么登上米其林榜单的呢？

首先要了解一下米其林的评分标准。

米其林官方给出的解释，打分参考的 5 个方面分别是：

——盘中的食材；

——准备食物的技艺水平和口味的融合；

——创新水平；

——是否物有所值；

——烹饪水准的一致性。

这和很多人预想的评级标准可能差距很大。我们通常会想，评选一家餐厅，应该就是“菜好不好吃，服务好不好，环境美不美”。而米其林的评选，半字不提服务和环境，全盯在菜上了。

下面，我就把这 5 点一一介绍一下。

食材的意义

中国的美食，可能很少去强调食材，也不怎么会用“这鸡是散养吃虫长大的，单挑了肉质最肥美的鸡腿肉，用祖传的秘制酱料腌渍了6个小时……”这样的方式去介绍食材。管他一家店用的是鸡腿肉还是鸡胸肉，只要炒得好吃就可以了。

非常重要的一点原因是，中国地大物博，物流发达，人们不太能感知到食材有多难获取。

在汪曾祺的《萝卜》一文当中，单单一个萝卜，场面就蔚为壮观：北京的心里美、张家口的白萝卜，潍县青萝卜皮、高邮的腌萝卜干，小酱萝卜、泡萝卜、春萝卜、夏萝卜、秋萝卜、四秋萝卜……简直堪称一场萝卜宴。这些萝卜我们唾手可得，菜市场几乎都能买到，偶尔遇到稀缺品种，网购也可以解决。而在欧洲小城市的超市里，甚至买不到萝卜。

再说牛羊肉，我们平日里可以吃到黄牛肉、水牛肉、牦牛肉，还有内蒙古羔羊、宁夏滩羊、单县山羊，更别说还有猪肉、驴肉、马肉、骡子肉……可以挑选的食材太多了。而在欧洲，地方不大，国与国之间的交通和物流也限制了食物原材料的多样性。举个例子，大名鼎鼎的法国料理，最经典的主菜，不是牛身上的某一部位煎出来的牛排，而是油封鸭（confit de canard）。因为法国没有大型的牧场，因此没有品质高的牛羊肉，只能选择禽类，要想吃煎牛排，就只能考虑从阿根廷进口了。

中国幅员辽阔，南北方温差大，现在交通越来越发达，所以人们一年四

油封鸭

中国餐厅的一道菜，使用了5种形态的黄瓜

中餐食材极其丰富

季都可以吃到黄瓜、番茄等新鲜蔬菜，冬天也能“抱着火炉吃西瓜”。而在几十年前，东北人过冬，可能还要往家里运上百斤的白菜，挑个好日子腌成缸成缸的酸菜，每年有四五个月的时间，餐餐都是酸菜炖粉条、酸菜水饺。在那个时候，有人要是从南方带来一批脆生生的上海青（油菜），配上泡发的香菇炒一盘清爽的香菇油菜，是不是让人眼前一亮？

现在因为温室大棚和物流的发展，人们很难感知到食材的“时令”了。比如夏初的樱桃，现在逐渐提前到晚春上市，继而和樱桃花一起出现。有一

西班牙菜市场

年过年，外面还飘着雪，家里就吃起了樱桃，不酸也不甜，少了一些樱桃味。从那以后，我再也没了小时候等待樱桃成熟的那份期待。而在欧洲，高级料理店为了保证食物的口感，必然会选用自然成熟的食材烹饪。

春天的巴黎，走进法餐厅，前菜里必然少不了白芦笋，主菜要么是鱼肉，要么是鸭肉，你会感觉食材太单一了。而且这白芦笋可能每年只有 3 个月可以吃到，夏天一来，就换甜菜根了。如果家家餐厅都选择用白芦笋做菜，那么就要去想想，怎么让自己家的白芦笋玩出花样。比如，高档法餐厅就会介绍说："这是运来巴黎的第一批德国头茬白芦笋，恭喜您成为今年春天第一位品尝到白芦笋的幸运儿。"

这就像是中国著名的龙井，清明前摘下的"明前茶"就是稀有的贡品，谷雨前采摘的"雨前茶"就成了大路货。不知是法餐厅特意为客人营造了一种"特权感"和"优越感"，还是这新鲜的白芦笋真的珍贵难得，但当你第一次走进法餐厅，满怀期待地看到一盘白芦笋，应该都会有些心理落差吧。

我曾经在法国南部山区的一家米其林三星餐厅用餐。那天晚上我吃到了非常鲜美的生蚝，主厨介绍说这是当天从地中海捕捞的新鲜生蚝。为了显示生蚝的新鲜，主厨在生蚝中加入了海水啫喱和泡沫。孕育着生蚝的海水与生蚝一起被送到这个交通不便的山村时，海水居然清澈到可以喝掉，不得不说非常令人震惊。那天的甜点里装饰着一枚草莓，那是我在欧洲两年吃到的最甜美、味道最浓郁的草莓，而且那时候已经是 7 月底，草莓季节已过。这家餐厅不大，满座也只能招待 20 多人，不提供午餐。那天不是周末，晚上只有两桌客人，用到了 4 只生蚝，4 枚草莓。想象一下，当晚饭桌上的每一种食材，都要精打细算着分量，掐表控制着时间，一份份运到深山里来，还要加上运输的成本，这顿饭一下子就"贵"了起来。我在和主厨聊天时讲到了这两种食材给我带来的震撼，他眼睛放光地把菜单翻到最后一页，指给我看每一种食材的介绍。原来它们都有特定供应商——来自撒丁岛的海螯虾、来自西西里的红虾、来自布列塔尼的蓝龙虾，等等。

新鲜的生蚝

如何把食物做好吃

我所接触的大多数西餐，烹饪都非常简单。就像之前介绍的，煮意大利面或者做薄煎饼，没有太多技术含量。日常生活里，西方人通常觉得“把食物做到能吃”的水平就够了。人们从肉店买来去骨的肉，切成块，用烤箱烤制或是熬炖、煎炸，逃不出这几种做法。菜市场买来洗净的蔬菜，就更简单了，挤一点酱料拌个沙拉就好。在这样的基础上，想要完成一道做工复杂的食物，就是非常有挑战性的事情了。

在中国，食材可以切丝、切丁、切片，厨房里有做糕点的白案和炒菜的红案，用火讲究文武火，做菜的用具从焖汤的瓦罐到烤羊的炭火，都有讲究。

日本知名的米其林三星餐厅“龙吟”曾经发布过一个视频，是分子料理“草莓”的制作过程。大概的方法是把草莓熬煮成浆加入糖稀，然后吹成仿真草莓的糖壳，再在糖壳里填充经过研磨、搅拌、液氮冷冻、粉碎的草莓冰。此时的“草莓”内部已细碎如粉，缓缓冒着白烟，却不化冰不成水。看完这个视频，很多网友调侃说：“有这个工夫，一斤草莓都下肚了。”

高级餐厅就是通过这些超级复杂而极难复制的烹饪方法制造了技术壁垒，让那些想要效仿的同行望而却步。

非常有趣的是，虽然人们都调侃德国“有世界上最好的厨房和最差的厨师”，吐槽德国菜好似化学实验室里端出来的没有灵魂的实验品，但不得不承认，曾经在很长一段时间里，德国拥有世界上最多的米其林三星餐厅，后来这个荣誉被日本夺走了。德国厨师在下厨时，夸张到用控制变量的办法反复测

后厨宛如精密实验室

试，来寻找制作美味最好的工艺。煮猪肘子的水是500毫升、600毫升、700毫升，加的盐是3克、4克、5克，炖4小时、4个半小时、5小时……我甚至能够想象德国的厨房里，厨师像对待培养皿一样在每一块猪肉上编号，然后烹饪，甚至会安排一次正式的盲品和打分。人们吃到的每一口食物，都是经过了千百种测试，得到的“最优解”。

德国人把食物做到这个精细的地步，只有日本人可以超过他们了。但日本料理完全抛弃了实验室的概念，讲究的是“感觉”。厨师30年如一日切生鱼片，一把单面刃的刀，控制着力道和速度，屏气凝神，如庖丁解牛般寻找纤维和纹理，像武术大师对决一样切割。在日本厨师眼里，不需要用明确的几克重、几毫米厚这样具体而量化的数字来评估一块生鱼片最合适的大小。厨师察言观色，关注着每位客人：他一进来就开始吃小菜，想必是饿了，那么这餐的生鱼片可能要多一分肉，才能让他满足地饱腹而归；她化了精致的唇妆，那么生鱼片就不宜太大块，弄花了妆面不优雅也会让客人尴尬；他嗓子有些沙哑，最近可能喉咙发炎，酱汁就不要过重。每一位客人的生鱼片都不太一样，没有标准就是最公允的标准。这简简单单的一刀，包含着很多哲学。

米其林三星餐厅后厨

因为过于精细，有人戏称米其林为“螺蛳壳里做道场”

德国胜在持续更新的、严谨的创意食谱，即使食谱被盗窃公开，厨师也有更新更精彩的食谱接替。而日本大师的技艺，哪怕是写成书，掰开了揉碎了灌输给你，也需要二三十年的刻苦钻研和实践，没有一朝出师的可能。被称为“寿司之神”的小野二郎，他的后厨里每天煎鸡蛋的学徒，做了十几年才得到师父的肯定，觉得他“出师了”，就是这个道理。

在专业的美食品鉴中，味道的鉴定是很严谨的。就像品酒师、香水的闻香师一样，美食品鉴师要去捕捉非常微妙的味道变化，而不是用简单的“够辣”“鲜味十足”来形容。据说味觉在没有被开发训练之前，绝大多数人对味道的最高评价是“妈妈的味道”或者“小时候的味道”。儿童时期的味觉记忆是伴随一生的，这种“人生若只如初见”的印象很难消退。说得通俗一点，可能就像人们对初恋的感觉，哪怕是阅尽千帆，心里也总有一个角落为对方留着。成年后的某顿饭，就像是历经沧桑后的某个契机，让你回想起那份味道、那个温暖的微笑，这种感觉唤醒的回忆更让人心神荡漾。

这种感觉或许就像“一见钟情”一样难形容，只有经历过的人能懂得那种内心的波动。我有幸体验过。我上小学的时候，每天早上不好好吃饭，到了中午放学的时候就饿得不行，而放学回家的路上会路过一家炸货店，店里卖一些炸五花肉或炸鱼。那种油炸肉的香味飘满了整条街道，几乎伴随了我的童年。小时候每次匆匆路过这家店，都流着口水想什么时候妈妈会买给我吃，但是大人总觉得外面的食物不干净、不健康，偶尔才会破天荒地买来。去年我在一家意大利餐厅用餐，那天的主菜是一小份炸鱿鱼仔。一上桌，我就闻到了小时候街道里的那种香味。炸得酥酥的鱿鱼仔入嘴，鱿鱼肉很有弹性，正是当年期待了无数次的味道。那一口炸鱿鱼仔吃得我思绪万千，似乎是儿童时代一个期盼了很久的梦不经意间实现了。

很遗憾，和我一起吃饭的朋友却并没有产生这种触动。在他眼里，这只是一盘炸得火候不错的鱿鱼而已。除了专业的美食家，绝大多数人的味觉没有被完全开发，也很难对食物进行客观而理性的判断。所以一道菜“好不好吃”，是非常主观的感受。同样一盘菜，可能四川人觉得不够辣，山东人觉得酱味不够浓，江浙人觉得调料太猛失去了鲜头，广东人嫌食材太普通不够惊艳。

在国内，很多“吃货”慕名去体验上海或广州的米其林星级餐厅，却失望而归。有相熟的朋友跟我抱怨，说上海某家米其林二星餐厅的普洱茶红烧肉，还不如他外婆烧的好吃，不懂这些餐厅是怎么得到星星的。

在中国，人们可以从100家菜馆里吃到100道味道相差不远的红烧肉，而100个吃客，可能会有100种打分结果。

另外，中国的菜式多数都有明确的菜谱。比如宫保鸡丁，用的是郫县豆瓣酱，肉丁多大、玉兰片泡多久、多大火炒，都有定式，厨师们自我发挥的余地很小。而很多西餐却截然不同，每个餐厅的菜都是不一样的，同样是牛排，这家是黑胡椒酱汁，那家是撒海盐；这家用的澳洲和牛，那家是阿根廷小牛

吃出“小时候味道”
的炸鱿鱼仔

肉……多样性导致人们很难去打分排序哪家的菜更好吃——A家的战斧牛排和B家的小牛胸腺，可以说完全没有可比性。

还有很重要的一点，《米其林指南》的受众，不是当地人，而是远道而来的游客。评审员不会去分析来成都的游客有几成是中国人，几成是外国人，他们要尽可能公允地为能吃辣的墨西哥人、不吃辣的北欧人、讲究摆盘审美的法国人综合评选出推荐餐厅。因此，这份指南推荐的口味，可能和中国食客的有些偏差。

中国人在出国旅游的时候都会带上老干妈、榨菜，因为吃不惯国外的食物。我曾非常坚定地认为中国有世界上最多的美食，因为食材的丰富，因为文化传承和几千年的底蕴。所以我相信在美食打分中，中餐的味道一定会拿到最高分。后来我逐渐意识到自己的判断过于主观。我一个奥地利朋友在香港半年，回国下飞机第一件事就是找面包房，他怀念那种刚出炉的黑面包的味道——我曾经慕名品尝那种面包，并没有想吃第二次的冲动。原来人们对食物的“好吃”，有完全不同的打分标准。

评选米其林餐厅就像选美：中国人偏爱皮肤白、双眼皮大眼睛而偏瘦的女生；欧美人却喜欢小麦色的皮肤，他们甚至觉得小雀斑有一些可爱和性感；南美人则更痴迷身材凹凸有致的“巧克力美人”，她们在亚洲人看来可能略显肥壮。而世界小姐的桂冠，往往会颁给一些混血姑娘。这些女生在本国可能未必是最顶尖的美女，但是综合之下，她们是最被大众喜欢的。

让我朋友感到失望的那盘红烧肉，大概不及他外婆的手艺，但是那一味解腻的普洱茶的加入，让好奇东方文化的评审员眼前一亮，这盘包含了中国茶元素的红烧肉，就在100盘红烧肉里脱颖而出了。

小牛胸腺

创新，是美食烹饪的灵魂

我在国内吃过的绝大多数餐厅，菜单几乎是整年不换的，而且餐厅与餐厅之间的菜单差别不大。不管是川菜馆、东北菜馆还是江南菜馆，几乎所有的菜单上都有炒土豆丝、番茄炒蛋和水煮肉片。

多年以来，我吃遍中国大小城市的平价菜馆，除了非常有特色的当地菜之外，几乎找不出几道新颖的创新菜品。我印象里，“拔丝冰激凌”算得上是一道颠覆思维的创意菜，糖稀拔丝的做法，其实和分子料理的理念不谋而合。一道慈禧在世的时候创造的“油炸冰激凌”与拔丝工艺的融合创新，居然已经有100多年的历史了，而从我第一次吃到它到现在，10多年里这道菜就再也没变过。从那时的惊喜到现在略感审美疲劳，而下一道让人印象深刻的创意菜在哪里呢？

走出中国，一些四季分明的国家，往往菜单一季一换，可谓“时令菜单”。夏天时餐厅供应烤香鱼，秋天是肥美的海鳗，冬天是鲷鱼片，做法不同，年年更新。有些地方的餐厅，除了个别经典菜品多年不换，客人每次去吃饭，看到的菜单都不一样。即使是经典菜品，也会在摆盘、配菜上玩点花样，不让客人吃腻。在美食的世界里，厨师好比是艺术家，富有创造力的艺术家怎么能容忍自己像工匠一样重复劳动，去做两件一模一样的艺术品呢？他们存在的意义就是在有生之年创造出更多天马行空的作品。

厨师的创意信手拈来。好比一条长江刀鱼，他们可以用清泉炖出奶白的汤，可以清蒸体现鱼肉的鲜味，可以剔骨去刺包成馄饨免去吐刺的狼狈，也可

做成石头样子的美食

山水画一样的摆盘
创意

以“一鱼多吃”：鱼骨炸酥、鱼皮凉拌、鱼肉生吃……可以玩出许多花样。法餐厨师手里的白芦笋，可以切片与黑松露黑白交替呈现色彩碰撞，可以整棵上桌呈现原始的生命力，可以学中餐切段和肉片清炒，等等。

高超一点的创意，比如中国香港的“厨魔”梁经伦先生，他最精彩的“小笼包”，像是勺子里的一粒汤圆，半透明的海藻啫喱里包裹着高汤。许多人看到后忍不住皱眉头——把这样的中餐做给外国人吃，算什么“传播中餐理念”，怕是个江湖骗子。但“厨魔”心中，中国小笼包的灵魂，就是在面皮里包入高汤，他把这一要点高度概括提炼出来展现给外国人，一击必中。省去其他无关紧要、外国人也不懂的中国元素，准确拿捏“小笼包”的核心要义，其理念让很多中餐厨师望尘莫及。

融合不同文化的创新菜肴也有很多精彩案例。一位法国大厨为了寻找灵感跑去日本学艺，回到法国后做了一道海鲜蛋羹。白瓷碗里是高汤，勺子沿着碗壁刮取嫩滑的蛋羹，这个动作像不像是在日料店吃海胆？再看餐厅的环境，铺设白鹅卵石的后花园，树木影影绰绰，正是日式“枯山水”。那道鸡蛋羹前后的搭配，有法国经典的萨巴雍（sabayon）酱汁蘸面包，有浓缩蘑菇汤伪装的卡布奇诺，有洋葱扮成的睡莲，每一道菜的名字都是一个谜语，吸引着客人去寻找食材与菜名的联系，而厨师就是出谜题的人。

在这些“脑洞大开”的厨师心中，没有一道菜是永恒的，没有一种酱汁是一成不变的。技艺高超的厨师会推出主厨套餐（chef table），通常没有菜单。主厨根据当天厨房里现有的食材，随意搭配创造一份世界上独一无二的套餐。这种套餐非常考验厨师的创造力，因为完整的多道式套餐是要有起承转合的，菜与菜之间要相互呼应，主打的食材却不能重复，难度不亚于现场作诗或即兴演奏。

分子料理“小笼包”——高汤啫喱丸

洋葱睡莲

创意摆盘

米其林的性价比

很多没有去过米其林餐厅的人，对它的第一印象停留在“很贵很好吃”。而米其林餐厅的评选，是要考虑性价比的。

中国曾经有过一餐人均5万元的天价晚宴，颠覆了人们“中餐卖不出高价钱”的认识。但是在仔细研究那晚的菜时，发现这5万元花得并不值。这顿晚宴里最耀眼的就是那条7.4斤重的大黄鱼。黄鱼少见，价格不菲，上了斤两的黄鱼更是出彩。这条黄鱼足有7斤重，老百姓们可能会觉得这条鱼已不同寻常，吃不得，但有钱人不在乎这些。平时一条小巧的黄鱼做成黄鱼冻，算得上一道精致的菜，让一席饭的品位都提升了。而这条7斤重的黄鱼实在太大了，又要连须带尾地上桌，索性两刀三段，头腹拿去清蒸，鱼尾做了“花间冻黄鱼”。原本一条摆在高汤冻里的黄鱼姿态优美，现在只剩一尾，视觉上就没了美感，失了江浙菜的灵巧精致。

通常的小黄鱼，需要拆骨，先把鱼风干一下浓缩味道，再上蒸箱蒸熟，然后用小黄鱼炖汤过滤起冻，最后上面撒鱼子酱来强化味道。吃的时候鱼冻在嘴里化开，鱼子酱在嘴里迸裂，两者口感相辅相成。但这条鱼过大不好入味，也很难找到合适的容器盛放，最终“遍体鳞伤”的鱼被抬到桌上，被几位服务生笨拙的分餐搞得一片狼藉，展现出来的效果非常不尽如人意。一条昂贵的野生大黄鱼，就这样被糟蹋了。

这就好比某家小笼包店讲究“每个包子里都有一只完整的深海大虾”。平时人们吃着觉得鲜美，但偶尔有天店里搞到一只大龙虾，为了把这只大龙虾全包进包子，做出了一个盆大的包子，别说一个人吃起来又腻又撑，单单是咬开包子吸一口汤汁的精华，都变成咬开包子流出一碗汤，毫无美感可言。只能感到遗憾，浪费了这么好的食材。

这顿天价晚宴一味抬高人均价格，给每人上了一份鲟鱼鱼子酱、一只2两鲍鱼，一只8两长江蟹。再算上那条大黄鱼，这顿饭看着就饱了。一味求大，但不求精，是非常失败的。

鱼子酱珍贵，但通常只是一道菜的点缀，放在法式温泉蛋上一小勺，图的是那一口沁人心脾的咸香，再吃多了就齁了。这次每人上来一盒，自取自用，放在黄鱼冻上辅助提味，鱼子酱像是拉面馆的辣椒酱一样，只能说是浪费，而显不出品位。

鱼子酱应该只是点缀

8两的螃蟹，个头够大，可惜这么大的螃蟹只有公蟹。当时的季节，吃公蟹的蟹膏还早，满黄的母蟹倒是可以寻到。餐厅为了排场，让客人吃的是不当季的公蟹，完整的一只上桌，自己手剥。中国人吃倒还好，但是这顿晚宴最重要的客人来自中东，我敢打赌他这辈子没有自己动手剥过螃蟹，上来这个“庞然大物”，他根本就无从下手。

如果是讲究服务的餐厅，可以请服务生用一套银器慢慢掏，吃完蟹肉后，壳还能拼回一只螃蟹，吃的是这份工艺。指不定挖蟹肉的姑娘穿了旗袍、绾了头发，坐在那儿斯斯文文掏蟹肉，像一幅画一样，这只螃蟹哪怕是不好吃，眼睛也吃饱了。倘若一定要客人亲手来剥，洗手的水也要备好，不然腥味和油腻都让人不舒服。《红楼梦》里的一顿螃蟹宴，并没有强调螃蟹有多大，但却写到了用“菊花叶、桂花蕊熏的绿豆面子”洗手，这才是中国古代贵族吃螃蟹的排场。黛玉拿着乌银梅花自斟壶，拣了一个海棠冻石蕉叶杯喝黄酒，用与之搭配的食器吃螃蟹喝黄酒，品位就显出来了。中东的客人不喝酒，也可以用这自斟壶倒一杯蕉叶杯盛的菊花茶，秋季的时令感、中国的茶文化、高级料理的仪式感，都有了。

餐厅如果有心，也可以把蟹肉、蟹黄剔出来，塞进蟹壳，做一道蟹盏。客人翻开蟹壳用汤匙就能挖出蟹肉细品，又保留了螃蟹的外形，同时因为增加了人力，这道菜的成本和价值也上升了一层。简单粗暴地将一只清蒸大螃蟹上桌，这是梁山泊好汉的吃法。

所以说，高级餐厅动辄上千元的料理，多数也是绞尽脑汁缩减了成本才呈上来的，在食材到了一定水平之后，“越贵越好吃”是不存在的。

高级餐厅的食材成本并不在于这条鱼多少钱一斤，那种虾多少钱一只，而要考虑到大多数食材都是进口或者远距离运输来的，而且必定要持续稳定地供应。想想法国深山里那家餐厅，一天只出售4份套餐，4只生蚝和4颗草莓。食材都是翻山越岭过来的，万一当天临时多来了客人，还要留出这份机动性，那么是预订半打还是一打生蚝，就是成本控制的学问。国外餐厅很多没有中国酒楼的规模，有的餐厅仅仅十几张桌子，而菜品工艺繁复，后厨要有二十几位优秀的厨师合作出菜。高昂的人力费用外加公关宣传费用，这些都是客人们要均摊的隐性成本。

这样算下来，人均上千元的一顿饭，也就说得过去了。综合评估各项开销，一顿高级晚宴，人均2500元基本到顶了，再多，则是溢价。比如几大名

生蚝看似不起眼，却体现了厨师的用心

草莓与草莓汁

厨合力制作的一个套餐，因为名厨的品牌价值，加上限定席位炒出的黄牛票价，价格会有上涨。日本寿司之神的一餐，人均2000元，但代理的预订费可能高达上万元，这部分溢价不能算在菜品上。

目前来看，愿意去吃人均千元套餐的人，没有想象中那么多。上海有一家人均800元的本帮菜馆，推出了1280元的精选冬季菜单，我在网上看到，整个冬天，只有8个人预订过。当然不排除有其他未公开渠道的预订，但一家餐厅要是指望这个菜单盈利，怕是要倒闭了。

微观蔬菜

开销

从 55 欧元起的 3 道式商务午餐，
到 300 欧元以上的配酒单的品尝菜单（tasting menu），
米其林一餐人均消费在 500 ~ 3000 元人民币，
当然遇到主厨钦点的主厨套餐外加珍藏好酒，
那价格绝对是上不封顶了。

品尝菜单

每家餐厅都会有 2 ~ 3 款主厨推荐的品尝菜单，
包含餐厅的主打套餐，
通常是 7 道式或 10 道式，
方便不会搭配点菜的客人挑选。
对于新手，
一开始吃品尝套餐是最合适的，
因为这个套餐最能体现主厨特色。

这张主厨推荐的品尝菜单，是一串代表海拔的数字

发挥稳定的重要性

有些人可能不懂，厨师们炒一盘土豆丝，难道今年炒的会不如去年炒的好吃吗？

这一条评判标准，要和“食材”“创新”一起来看。

当餐厅的食材按照时令供应，厨师又要保证每季度的菜单有30%以上的新品时，烹饪水准的一致性就变得不确定起来——保证春天的白芦笋跟夏天的烤香鱼能够让客人同样满意并不是件容易的事。

有创造力的餐厅，可以做到每月推出新菜单；而顶级的大厨，甚至能够根据当天后厨的食材供应，临场发挥为客人提供定制版的套餐。如果说常规不变的菜单好比每天背诵的同一首长诗，抑扬顿挫保持一致，那么提供富有创造力的菜单就宛如主厨每天上演“七步成诗”，这两者之间的差距十分明显。要保证每一份套餐都能有稳定的发挥，这样想来，烹饪水准的一致性就没那么简单了。

麦当劳能做到全球门店味道统一，是因为加工过程细化到几克盐、多少度油温炸多少秒，精确到实验室水平的操作步骤，才能保证汉堡这种简单的食物实现烹饪水准的一致性。许多奶茶连锁店，目前都很难保证糖、奶、水的比例一致，从而做出口味一致的饮料，更不用说一些连锁餐厅的菜味道差别很大，所以大家都在老店排长队，新店却冷冷清清。想把口味做到标准一致，不是件容易的事情。特别是当食物加工流程高度复杂、稀缺食材供应紧张时，高级餐厅的套餐可谓是刀尖上的舞蹈，一丝一毫都不能出错，否则就会砸了招牌。

有的餐厅，因为一个季度的食材供应无法保证水准，甚至不惜关门休息，用这3个月来学习和创新，保持生命力。

忙碌的后厨

米其林餐厅的分级

米其林餐厅的分级非常简单，最为人熟知的便是一星、二星、三星餐厅，每一颗米其林星星背后都是一整个团队的苦心经营。除此之外，一些味道好、有特色却不能完全达到米其林星级标准的餐厅，会获得“必比登”“餐盘奖”等奖牌。

米其林最为人称道的便是神秘的评审员机制。米其林从餐饮界筛选出有多年从业经验且有影响力的食评人，匿名拜访入围的餐厅试菜打分。为了保证评选结果公正，他们会为品尝体验买单；为了确保餐厅出品水准一致，评审员甚至会不止一次拜访品鉴。有时候评审员会“不小心”把刀叉掉到地上，以此来观察服务生随机应变的能力。这样丝毫不圈画重点的随机抽查考试，确保了每一家上榜餐厅都经历了严苛的考核，在任何一个细节上都不容出错。

三星：卓越的烹饪，值得专程造访

米其林三星餐厅俗称“值得坐飞机专程前往的餐厅”，这也是人们最初接触米其林这个称号时对它的第一印象。在对米其林餐厅的价格没什么概念的时候，往返欧洲的机票价格，就已经让绝大多数人望而却步。

我在欧洲的时候，真实感受到“为米其林三星餐厅专程去一个地方”的影响力。

西班牙赫罗纳，一个我曾经读书的小镇，距离西班牙北部第一大城市巴

法国米其林三星餐厅，坐落在安纳西

塞罗那大约1小时的车程。这个小镇对绝大多数中国人来说有些陌生，但是欧洲游客们都知道，这里诞生了世界上排名第一的米其林三星餐厅。许多人就因为这家餐厅记住了这个地名，反正离巴塞罗那不远，在规划旅游路线的时候，心思一偏，就来到了赫罗纳。哪怕他们不会花一个月工资来吃一顿大餐，也不一定跑到餐厅前，像参观教堂、宫殿一样观摩一番，但确确实实因为这家餐厅，来到了这座小城。

订餐

米其林餐厅往往需要预约。
打电话预约只需要说明到达时间、人数、预订人名字就可以了；
也可以给餐厅发正式邮件预约，
以确认有无过敏食材。
一些知名的餐厅会要求预付定金或刷信用卡来留住席位。
高级的三星餐厅往往需要提前2～3个月预约，
有时还会因为诚意不够被婉拒，
所以发邮件夸一下餐厅，预约成功概率会大一些。

在中国，你会因为贵州山村里一碗好吃到流泪的牛肉粉，专门飞去那里吗？

这听起来好像有点荒谬，不太符合中国人的消费习惯。不过因为一家餐厅，朝圣般千里迢迢跑去一个地方，也真的非常浪漫了。

二星：烹饪出色，值得刻意造访

米其林二星餐厅俗称“值得绕一点路登门拜访的餐厅”。

我人生中第一次走进的米其林餐厅，就是一家二星餐厅。当时我因为学术考察，跑到西班牙北边的比利牛斯山。车快要开到西班牙和法国的国境线上了，手机信号也时有时无，才终于到达餐厅。和想象中热闹非凡的几层酒楼不一样，这家餐厅坐落在一栋3层古堡里，占据的空间非常小，能够接待的客人估计不会超过30人。所谓“绕一点路”前来体验的餐厅，时间比想象中花得要多。有趣的是，因为交通不便，往往客人们都是来这儿多待几天度假，晚上吃过晚饭后，索性就住在餐厅附属的客房里，不再开车回酒店，所以在欧洲不少山区里的精品餐厅，衍生出了“美食加住宿”的体验。通常，客人是先选取当晚下榻的酒店，然后就近在酒店配套的餐厅里吃顿便饭；而拿到米其林二星的餐厅一下子让自己从附属的位置升级，占据了一场旅行的主导地位。

一星：优质烹调，不妨一试

米其林一星餐厅俗称是“如果顺路遇到就不要错过的推荐餐厅”。

坐落在古堡里的米其林餐厅

在欧洲不同城市的街头走走逛逛，无意中就会偶遇米其林一星餐厅。而东京、巴黎这些米其林餐厅扎堆的城市，甚至可以在街头拐角处一眼扫到三两个星星招牌。

往往星级餐厅都价格不菲。就好像要做精致的衣服，自然要挑选最上乘的面料，最耗工时的刺绣，成本就与其他的拉开差距了。一顿正式的米其林星级晚餐，价格基本不会低于1000元，通常在2000元上下。

《米其林指南》在发展了几十年后，也陆续经历了影响力下降等低谷，为了保住地盘，他们想出了两条对策。

第一个做法，非常像中国目前热议的“消费下沉”。高消费的阶层已经笼络得差不多了，为了让更多人成为米其林的粉丝，那么就针对普通游客评选一些接地气的餐厅吧。于是，必比登榜单出现了。被评选为必比登的餐厅，通常是经济实惠又美味的平价小馆子。那些离摘星还有段距离，但是也确实很优秀的餐厅，则会获得餐盘奖。

第二个做法，就是我们常说的“国际化战略布局”。《米其林指南》终于走出了欧洲，逐渐在美国、日本、中国等国家发声。在中国，米其林先是推出了香港和澳门的榜单，随后是上海、广州、北京。之前在欧洲时，因为各国面积小，而且评审员也了解情况，因此通常都是以国家为单位发布指南；离开欧洲后，米其林的扩张非常谨慎，单个城市试点，从熟悉的酒店集团附属餐厅着手，尽可能保证评选的专业性。

理论知识的科普到这里就结束了，相信大家也对米其林餐厅有了一个大致的了解。接下来，我就带大家去世界各地的米其林餐厅逛一逛。

乡村里的米其林一星餐厅

可以远眺罗马圣天使堡的露台餐厅

澳门老牌米其林餐厅紫逸轩

第三章

米其林探店实战

在我曾经探访过的许多家高级餐厅中，有几家给我留下了深刻的印象。每当有朋友问我“没吃过米其林，有什么注意事项吗”或者“米其林三星到底有多好吃”的时候，我就把这些餐厅的故事拿出来一遍又一遍地讲。从米其林餐厅的用餐礼仪，到套餐的上菜流程，以及不同大厨的烹饪理念，都会在这一篇章为大家一一呈现。

我们以米其林二星餐厅 Il Luogo di Aimo e Nadia 为起点，让大家在看完这一篇后可以放心大胆地走进米其林餐厅，不怯场；再以 Ristorante Berton 为例，颠覆大家“米其林吃不饱”的惯性认知；然后巡游各具特色的奇妙餐厅，其中有的把餐厅开在超市里，有的给小龙虾出了一本书，有的始终走在时尚前沿，有的会变魔术。

入门米其林，这些套路你要了解

Il Luogo di Aimo e Nadia

《米其林指南》主要是为远道而来的游客服务的，如何在一顿饭里领悟到目的地最凝练的美食真谛，是每一家米其林餐厅都苦思冥想的事情。当我们走在成都街头，看到一排十几家“正宗川味火锅店”的时候，哪一家能真正代表成都呢？大同小异的配料和食材里，能够脱颖而出的餐厅，必然有自己的奥秘。

接下来我将以一家意大利米兰的老牌米其林二星餐厅为例，带大家领略米其林的套路。掌握了这些，哪怕第一次走进米其林餐厅，也可以轻车熟路地像经常来吃的熟客。

Il Luogo di Aimo e Nadia是一家夫妻老店， Aimo和Nadia是创始夫妻的名字。他们把托斯卡纳的美食改良创新，搬来了大都市米兰，好比一家开在上海的四川馆子。

主厨推荐菜单里，一个名为“意大利壮游（Grand Tour in Italy）”的套餐大概是所有外国吃客的首选。选用意大利不同地区的优质食材混搭融合，让我们的味蕾在一顿饭的时间里遨游意大利各地，不得不说是一个有趣的体验。试想，如果中国有餐厅想要出一个“巡游中华”套餐，可能要包含锅包肉、北京烤鸭、文思豆腐、热干面、羊肉串、椰子鸡……在一个美食国度里，要想用一顿饭给外国友人展现精彩的美食文化，还是非常有挑战性的。

意大利壮游

这家餐厅店面很小，只能容纳不到20桌客人，但环境却是精心布置过的。米其林餐厅对环境有极高要求，所以胡同深处支着马扎光着膀子吃的苍蝇小馆就没法名列其中了。店里的装修设计是由意大利设计师保罗·法拉利独立完成的，从桌椅餐具、挂画雕塑，到用餐所搭配的每一副银质刀叉和玻璃器皿，都是专为此餐厅设计，绝无雷同。

传统5道式套餐包含沙拉、汤、头盘、主菜和甜点，另外在餐前会提供面包、饼干类的开胃小食。这家餐厅精心准备了4道开胃小食，分别是生火腿片、章鱼包、番茄甜菜沙拉和贻贝。

烘干酥脆的草莓椒切面如一朵玫瑰花，上面盖一片意式生火腿，入口滑而不腻。

开胃小食

通常意大利餐厅会为客人提供面包和芝士碎作为餐前小食，有点类似于中国的凉菜。这里的章鱼包就是改良升级过的意料前菜，章鱼包酥脆的外壳咬破后芝士爆浆的口感，让人一下子记住了独特的“意式”开场白。

来自西西里的特级初榨橄榄油作为面包伴侣，拉开了意大利壮游的序幕。

第一道正式前菜上桌，来自特雷维索的布拉塔奶酪（burrata cheese）搭配黑松露、红色长菊苣，配菜是米兰菊苣、甜菜根和辣根。

不像中国几乎每家餐馆都有宫保鸡丁或老厨白菜，每家西餐馆的牛排、沙拉都各不相同，食材混搭让过于花哨的菜名毫无意义，因此菜单上的菜名往往平铺直叙罗列出食材。侍酒师为这道菜搭配了产自“葡萄酒之乡”——意大利的玛尔维萨（Malvisa）白葡萄酒，以当地的酒搭配当地的食材来确保和谐一致，奶酪混合黑松露细腻绵长的口感被提炼出来。一入口，我的心从意大利最南端的西西里岛飞去了东北部的葡萄酒庄园。

随后，我的味蕾继续在意大利遨游。一个浅黄色的意大利鳕鱼馅炸饺子，上面装饰着地中海风格的沙拉酱汁，点缀着十几种意大利特有的花花草草，正像是意大利南部海湾与花海的风景。

终于轮到托斯卡纳登场了！这是来自托斯卡纳的夫妻俩精心研制的一款意大利面，只用了洋葱炒制酱汁，点缀了一片罗勒叶。这道拥有56年历史的意大利面是这家店的经典菜，没有很多花哨的摆盘和搭配，讲究的是传承和沉淀的底蕴。记得我当初发邮件预订座位时，餐厅经理还回复了我几百词的一长段介绍，强调这份意大利面的重要性。

经过前几道菜丰富的口味刺激后，以味道朴素的意大利面做中场休息，为主菜匀出空隙。米其林所讲究的创新创意，在这道今天最重要的主菜上呈现出来了。

西餐基本原则是牛羊类红肉和鸡鱼类白肉分开烹饪，这家餐厅却巧妙地给小牛肉搭配了鳕鱼酱汁。在英语中，肌肉纤维尚嫩的小牛肉特地用“veal”

传统意大利面

托斯卡纳风景迷人

表示，以区分普通的牛排肉，也因其肉质鲜嫩，往往轻煎数秒即食，确保口感不被破坏。以红肉打底搭配白肉酱汁，可以说想法很大胆，而鳕鱼肉汁的鲜与小牛肉的嫩相融合，呼应得恰到好处。主厨还附赠了一片印着餐厅创始夫妻名字的薄煎饼，让这道主菜“有爱”了起来。

在用餐过程中，每吃完一道菜，服务生就会托着沉重的银盘子把餐具收走，换上新一轮刀叉。一顿饭下来，林林总总的银器用了十几套，沉甸甸的银质餐具握在手里，也让餐食有了一分厚重质感。主菜结束后，服务生撤下桌上所有的杯盘、面包篮，拂去白桌布上的面包屑，我开始等待甜品时刻。隆重的意大利料理进入轻松悠闲的时间。

对意大利人来说，甜品也是很有仪式感的，他们会仔细划分出前甜点、主甜点、花式小蛋糕（petit fours），毫不敷衍。点缀了可可粉和棉花糖的柠檬冰沙、焦糖提拉米苏、哈密瓜球挞、草莓酥饼、树莓啫喱，就连最后一口巧克力都带着百香果汁夹心。经典意式甜品融合了热带水果的独特风味，给这顿饭留下一个甜蜜的回忆。

酒主马赛多

整套餐菜品精致，一路从南吃到北，让我领略了意大利各个地区的特色美食。为每道菜肴搭配的酒也是精心挑选的。侍酒师介绍说餐厅里有800多款藏酒，都是从世界各地酒庄搜集来的精品，不乏旗舰珍酿。从搭配开胃菜的起泡酒开始，由轻到重，6款酒也按节奏徐徐呈上。

配酒

配酒（wine pairing）是非常重要但易被中国“吃货”忽略的部分。
酒单人均500多元，
有时甚至会出现酒比菜贵的情况，
再说又喝不出好坏，
许多人总是在考虑预算时把酒最先排除掉。
但我个人建议，反正来都来了，
就吃个全套再走，
米其林餐厅的配酒都不会差，
很多藏酒一杯难寻，可以体验一下，
不然用餐体验是不完整的。

甜点

配酒

微酸的起泡酒清洁口腔、唤醒味蕾，和奶酪同属一个地区的白葡萄酒佐餐搭配，这些都是配酒的常规操作。那么这家餐厅带给客人的惊喜是什么呢？一瓶2005年产的意大利酒王马赛多（Masseto）。

这瓶出自与拉菲平起平坐的名酒庄、好年份的“超级托斯卡纳”属于不可多得的藏酒级别的好酒。不似窖藏50年的茅台，这种好酒，好比《红楼梦》中的“冷香丸”，只有特定年份用特定老藤的那几筐葡萄酿成，三五年产量不足千瓶，又放在橡木桶里陈酿数年，可以说是喝一瓶少一瓶。这瓶餐厅里的镇店酒被拿出来时，仿佛自带光芒，侍酒师庄重开瓶的瞬间，餐厅里所有人忍不住为它鼓掌。漂亮的红宝石色葡萄酒口感饱满、芳香四溢，已然让用餐的我们产生“人生圆满”的幸福感。

对酒颇有研究的朋友后来感叹道：“能够喝一口马赛多，这是你和它之间难得的缘分。”

意大利北部的奶酪，托斯卡纳的松露与红酒，特定产区的鳕鱼和小牛肉……让人随着一道道菜体验艳阳下意大利北部麦田收割的热闹，感受阿玛菲海岸清冽的浪花。用餐体验就像套餐的名字，好似一场精彩的意大利壮游。

吃过一次米其林，就不难理解“一辈子一定要吃一次米其林”这句话了。它所带来的生活品质的提升、对追求美好事物的渴望、高雅礼仪的磨炼，是吃多少汉堡都得不到的。

餐厅信息

餐厅名称：Il Luogo di Aimo e Nadia

主厨：Fabio Pisani，Alessandro Negrini

地址：Via Privata Raimondo Montecuccoli，6，20147 Milano MI（Italy）

营业时间：周一到周五 12:30—14:00、19:30—22:00，周六 19:30—22:00

预约邮箱：info@aimoenadia.com

电话：+39 02416886

类别：米其林二星，分子料理，创意菜

人均消费：套餐 95 ~ 200 欧元，酒单 110 欧元

官方网站：www.aimoenadia.com/en

侍酒师的服务
为就餐增添了
仪式感

吃到扶墙出的米其林大餐

Ristorante Berton

大多数人对米其林美食的第一印象就是“脸大的盘子一口菜”，因而非常纠结吃不吃得饱这个问题。哪怕我和朋友反复解释，他们也总是将信将疑，因为大多数情况下，我们看到的米其林美食都是片面的、不完整的，很少有机会能看到一套完整的品尝菜单。接下来我将向大家展示这顿让我撑到扶墙出的饕餮盛宴。

这是一个哪怕只需流水账式报菜名都非常精彩的故事，大家的注意力可以放在菜品上，仔细品鉴每一道菜。掌声送给我们的米其林一星餐厅Ristorante Berton，它在一顿饭中所展现的食材多样性以及天马行空的融合创意，令人惊叹。

主厨伯顿（Berton）是位帅大叔，他最让我欣赏的一点是不搞虚头巴脑的东西，每道菜选用4～5种常见食材搭配加工，保留食物最本真的味道。像我这种认不太全西方食材的东方来客，很喜欢这种接地气的态度。

推门进入餐厅后，经理没有问预订姓名就直接把我引领到座位上，大概是凭借东方面孔直接判断了来客身份。这是非常隐晦而细致的服务，让客人有种“大人物来访一眼辨识”的满足感。

虽说这一餐是为了饱腹，但餐厅环境也不能忽略。简约现代风格的餐厅设计，和米兰新城区商务圈的格调很搭。餐厅以“性冷淡风”的黑、白、灰三色为主色调，非常有质感的餐具和桌椅都来自知名设计师。放面包的盘子是蚌壳的形状，餐前小食的大盘子则是牡蛎壳的样子，磨砂质地的盘子搭配水晶酒杯和意大利著名餐具品牌布罗吉（Broggi）的刀叉，简单地用一个词概括就是：高级感。

餐厅里的侍酒师很热情地倒上了起泡酒，搭配的是芝士脆饼和加入了墨鱼汁的酥饼，口感有点像虾片。

随后，一连串4个“finger food”上桌。

Finger Food

在正式的套餐上桌之前，
通常会有附赠的开胃小食，
类似中餐里的凉菜。
这些一口吞的小零食叫 finger food，
因为食用这些小零食一般不用刀叉，
而是用手指拿着吃。

餐厅的
开胃小食

从右往左吃，第一个玫红色的小包子是甜菜酱馅儿的，这玫红色也来自甜菜根，上面还点缀了虹鳟鱼鱼子。第二个是裹了烟熏马苏里拉奶酪、配番茄干的脆皮，这是意大利大众前菜“马苏里拉奶酪配番茄”的变形，小创意让人很惊喜。第三个有些分子料理的感觉，巧克力硬壳里是浓缩高汤，好像一粒小药丸，让人想起香港“厨魔”那道惊为天人的“小笼包”。最后一个黑球是墨鱼汁外皮包裹雪白的鳕鱼肉馅，黑白颜色的对撞很精彩。

一口口把可爱的小食吃掉，起泡酒换白葡萄酒，正式的10道式套餐开始上桌。

扇贝佐甘草——一如既往地盛在大盘子里，像画画一样摆放了煎得恰到好处的瑶柱，红色的几粒是扇贝黄，间或点缀着一片片迷你甘草叶，漂亮得让人不舍得下嘴。

煎墨鱼配奶油——白嫩的墨鱼上刷了黑色的纹理，经理来介绍时特意说这是“画”上的黑色，让人感觉大厨像是在作画一样。

餐厅最近刚更换了季节菜单，与常规品尝菜单相比有小的变动。经理报了菜名后看到我在记笔记，便贴心送上了单页的最新菜单。餐厅的服务，确实让人有宾至如归的感觉。一位经理、一位侍酒师以及两三名服务生环绕式服务，能细微观察到客人的需求，又没有热情过度，给客人舒适放松的空间。

下一道菜是鲜虾及熏杏仁沙拉。贝壳状的菜叶下，我本来以为是菜名中的熏杏仁，却发现是6只鲜嫩的大虾。咦？杏仁呢？原来是撒了杏仁粉，让鲜虾口感更丰富。这实实在在的用料和隐藏的小惊喜确实让人愉悦。

丰盛的海鲜只是前菜，再上桌一份意大利烩饭，食量小的女孩子可能就吃饱了。餐厅招牌的比萨风格意大利烩饭在2017年拿了一项意大利美食指南的年度最佳烩饭奖，可谓是独具匠心。像比萨一样薄饼状的烩饭和想象中的传统意大利烩饭很不一样，就好像你点了一份番茄炒蛋，上桌一个白煮蛋加糖拌番茄，完全颠覆人们的惯性思维。没有配肉和海鲜，单靠意大利传统的马苏里拉奶酪汁和调料粉调味，这道菜确实够大胆。一口下嘴，果然是一如既往的夹生

扇贝佐甘草

饭，粒粒分明的米搭配黏稠的奶酪汁，而调料粉的撒法，一定是借鉴了印度菜的灵感。

一份烩饭下肚，白葡萄酒后又配带玫瑰香气的新酒，数数菜单，还有6道菜没上呢！

第一道主菜：鳗鱼佐番茄、咸酸奶和罗勒叶。我非常喜欢“吃米其林美食猜食材”的小游戏，而Ristorante Berton非常适合我这种初学者。这里基本是以“丁是丁，卯是卯”的原则来呈现食材，让人猜对后很有成就感。现烤的鳗鱼非常嫩，叉子叉下去吱吱冒油，没有撒盐的鳗鱼要蘸咸酸奶酱汁，而清爽的番茄和罗勒叶抵消了油腻感。

第二道主菜：脆皮乳猪佐啫喱蜜桃、烤韭菜和咖啡酱汁。吃惯叉烧和脆皮乳猪的中国食客估计不会被乳猪惊艳到，但是韭菜配蜜桃的味道却惊人地和谐。

第三道主菜，用的也是今天最名贵的食材：小牛胸腺佐大豆酱汁和食用大黄。这是我第一次见到白嫩的小牛胸腺（sweetbread），口感鲜嫩如鱼肉，用料非常考究。大豆酱汁跟中国豆瓣酱类似，食用大黄是一种类似芹菜的植物，中国食客可能会觉得不足为奇，但在西方人看来这却是少见的食材。所以这道菜也有一丝中西合璧的意思。

食用大黄

欧洲的食用大黄（rhabarb）和中国的药用大黄同属不同种，
食用大黄粗壮的茎含有丰富的果胶，
可以像芹菜一样烹饪，
也可以制作成果酱、果冻。
但是叶子含有丰富的果酸，
一般不可食用。

这是正儿八经实打实的3道硬菜，号称吃到撑还能塞下甜点不打嗝的我这下要被“打脸”了。我离桌去餐厅休息区晃悠了一圈，勉强消化一下胃内存粮，才能坐下来再品尝甜点。

正餐结束，甜点环节上桌一份鱼子酱。颗粒分明、巨大完整又有光泽的顶级鲟鱼鱼子酱，一定要用黄金或贝壳材质的小勺送入嘴里，舌尖顶住鱼子在

鳗鱼

鱼子酱

上颚压破，鲜味四溢。

餐厅自制的鱼子酱，也确实搭配了精致的贝壳小勺，入嘴却是一股奶油的甜香，原来这居然是伪装成鱼子酱的甜品，这“看山不是山”的做法，大概就是米其林餐厅最爱跟吃客玩的花样了。

接下来是覆盆子和野草莓酥皮比萨。一个巴掌大的迷你比萨盒子，打开后是一个粉色的比萨。为甜点搭配的啤酒也是蜜桃粉色调的，前后呼应。

第三道甜点叫椰子和凤梨，但我猜主厨一定不会按常理出牌，不知道上桌的会是什么。一个鸡蛋大小的棕色椰子壳，还刻上了椰子壳的纹理。看我好奇地盯着椰子壳看，经理还悄悄跟我说：“告诉你个小秘密，这个椰子壳可不是真的。”

这让我童心大发。椰子壳是巧克力做的，椰肉是淡奶油，中间放了一勺椰奶冰激凌和凤梨冰沙，吃到底还有腌凤梨果肉和椰蓉。每嚼一口我都有一种错觉，到底是椰子还是巧克力？是凤梨还是冰激凌？

花式小蛋糕不会少，5道附赠甜品上桌，我麻溜地一抹嘴，主厨波顿已经在厨房等着了。

主厨波顿身高有188厘米，举手投足都是魅力，这么帅偏偏要靠实力，真的让人佩服。他最后端出酒来为这顿饭干杯，我一口吞下粉色巧克力球，流心白兰地在嘴里释放出杧果和柠檬的香气，一顿精彩的大餐至此完美画上句点。

临走时经理又送我一小份手工巧克力。这是立志要把客人填满喂饱3天不吃饭呀！

这么一份大餐，多少钱才算值？单人套餐130欧元，双人午餐含6款配酒360欧元。

这顿餐真是让人魂牵梦萦，甚至强化了我努力赚钱的动力——有朝一日要大吃一顿真正顶级的美食。这么一想，就不觉得自己“腐败堕落”了。

椰子和凤梨

与主厨波顿合影

餐厅信息

餐厅名称：Ristorante Berton
主厨：Andrea Berton
地址：Via Mike Bongiorno 13，20124 Milano，Italia
营业时间：周二到周五 12:30—14:30、20:00—22:30，周一和周六 20:00—22:30
预约邮箱：info@ristoranteberton.com
电话：+39 0267075801
类别：米其林一星，分子料理，创意菜
人均消费：50 ~ 130 欧元（不含酒）
官方网站：www.ristoranteberton.com/en

第一次吃米其林三星餐厅是怎样一种体验

Da Vittorio

有一句古话：取法乎上，寻师经典。通俗点来讲就是说：要想学艺，那就拜天下最好的老师，学世界最一流的技术。

旅行也是如此。要出发就去力所能及最远的地方，看就看世界上最美的风景，请最好的大厨做顶级的料理，不然心中总有个挂念，哪怕是去过了第二三四五，也会一万次假想世界第一到底是怎样的。

在吃了一圈“fine dining”后，心里真的是痒痒的，因为没有吃过“最好”，就不敢去妄言评判嘴里的食物到底好不好。这种感觉，就好比人们欣赏过不少所谓“东方的蒙娜丽莎”，却总有一幅经典在卢浮宫召唤你一样。

作为美食大国，意大利只有9家米其林三星，其中意大利餐饮业巨头Cerea家族旗下的Da Vittorio当仁不让是本国人最认可的。这个家族经营的意大利北部山区的米其林一星餐厅，一门五子，被培养为厨师、侍酒师、高级酒店经理人。蛰伏近20年潜心钻研，改变了人们对意大利料理“不擅长海鲜”的印象，并因为这历史性的突破光荣摘下第二颗星。此时各位子

Fine Dining

Fine dining 直译过来有“料理”“宴席”之意，通常指米其林或一些没评星但同样高档次的餐食。如果和外国朋友聊起来吃过什么难忘的美食，可以直接用 fine dining 来介绍。

Da Vittorio 餐厅

Da Vittorio 是意大利接待外国贵宾的“御用餐厅”，许多名人曾前来就餐

女已经成人，家族企业渐成规模，搬离山区，大手笔买下整个庄园，子女各司其职打造顶级酒店。不出几年，餐厅摘下米其林三星，酒店夺得罗莱夏朵（一个由多家地标性餐厅和酒店组成的联合协会）五星，成为世界上“3+5”搭配的标杆。

不只是一家酒店，他们的海外餐厅、度假别墅、厨师学校也遍地开花。2019年落户上海的Da Vittorio SHANGHAI 店，开业仅5个月就摘得米其林一星，也算是坐稳了亚洲美食圈精英的地位。50多年，两代人的努力，长远的规划，缜密的布局，无与伦比的天赋，让Cerea成为意大利最富有的厨师家族。

借这一顿饭的机会，听一场家族奋斗史，很是精彩。

黑色的庄园大门缓缓打开，车进入后沿着山坡拐了三五道弯，两旁是一闪而过的木桥、湖泊、足球场。停车驻足，沿着花团锦簇的小径拾级而上。还没进门，单就这漫长的入场仪式，就让人产生了“豪门难入”的感觉。没有邀请函或是预约信，想登门拜访，怕是喊破喉咙也难。

大厅里的陈设下足了功夫，当日的鲜花做装饰，茶几上摆着巨型银器，水晶灯高悬。儿子弗朗西斯科引领我们入座靠窗的位子，女儿罗塞尔介绍说特意准备了“特别主厨套餐（special chef table）”，老祖母亲自待客。家大业大却依然工作在一线，接待客人礼貌诚恳毫无架子，这家人着实让人尊敬。

不像大多数米其林餐厅为了讨客人好感在常规菜单外附赠一长串的开胃小食，Da Vittorio 只提供了两份。

装饰了鲟鱼鱼子酱的西瓜，以及做成雪糕状的咸牛肉塔塔。以鲟鱼鱼子酱做开胃小食的气魄，颠覆外形和口感定式思维的创意，格局之大，可见一斑。

前菜上桌两粒红通通的“樱桃”，放在冰碗里，拿绿叶托着，再点缀可可粒。但要是真把它当樱桃给吃了，那就

“塔塔”音译自“tartare”，是一种流行的欧洲料理，通常用新鲜的牛肉剁成碎块拌制而成。

樱桃鹅肝

要犯“牛嚼牡丹”的笑话了。樱桃啫喱外壳里是细腻的鹅肝，入口如凝固的奶油，融化时像巧克力般丝滑，不腥不沙，绝对是顶级食材。把整块鹅肝掏挖成球，可谓是费料又难塑形，这一招让我想起了《射雕英雄传》里黄蓉用内力切豆腐球，拿火腿炖汤做给洪七公的“二十四桥明月夜”。

接下来，银器里干冰雾气氤氲，服务生如磨豆腐般推着小磨，一层层旋下鹅肝酱，结霜的勺子利索地把鹅肝酱堆入盘中，借着干冰的寒气使其不融不粘连。从上桌至入嘴，不超过一分钟。而这铺底的辅料是糖渍玫瑰，白糖粒宛如露水般凝在花瓣上，可惜时间紧急来不及仔细观赏，还没看够就下肚了。这口鹅肝酱吃得人意犹未尽。

Da Vittorio的招牌前菜“鹅肝三部曲”到此收场，而“三部曲”中的鹅肝意大利面则没上桌，我猜为的是让我们把肚子留给接下来的美食。

细腻的乳清奶酪，宛如蔬菜盆栽一样装饰着10种糖醋蔬菜根茎，就连紫胡萝卜也被巧妙地切出须和叶，还淋了色泽鲜亮的胡萝卜咖喱汁。如果说米其林摘星是一场考试，那么Da Vittorio的确是把题库研究仔细了——樱桃鹅肝展现了前些年米其林推崇的“分子美食”创意；玫瑰鹅肝酱干冰雾气的视觉互动夺人眼球；微观蔬菜则是近来的流行趋势，这瓶盖大的一口奶酪上的每个菜叶都是花了心思的。

桃子朗姆酒打成泡沫啫喱不足为奇，有趣的是放在了鸡尾酒杯里，银勺子往下一挖，藏着几粒新鲜粉嫩的撒丁岛红虾，让人感觉好像挖到了宝藏。

再然后是细长如剑的白盘，托着两只微煎的明虾，柠檬酱铺底，撒了茴香和辣椒末。在意大利吃海鲜时挤柠檬汁的环节被巧妙替换：上桌后服务生端着一碗柠檬冰球撒在虾上，小冰球遇热微融产生了动态的美。

这么好的食物上桌，拍照耽误时间是影响口感的，我匆忙按过快门马上开吃，还是错过了柠檬冰球的冰凉与辣椒末的炙热、茴香的辛香混合而成的奇妙口感。两只虾仁够大，都约有普通龙虾的大小，以至于吃时我还在想这究竟是两只虾还是一只片开的。Da Vittorio 选材不另辟蹊径，而是把常规食材用到极致，无论是鹅肝还是明虾，都有底气说一句“这是本地最好的”。

明虾够大，鳗鱼则非常小。比茶杯小一圈的平底铜锅造型的餐盘上，一截鳗鱼点缀着榛仁，铺底的是迷你芦笋嫩芽。搭配的酒一上桌就让人惊呼。

前面提到米其林二星餐厅Il Luogo Di Aimo e Nadia，经理现场开了一瓶酒王马赛多，让人在一瞬间懂得了葡萄酒在高端餐饮中锦上添花的意义。而如今，一瓶与马赛多同酒庄的白葡萄酒上桌搭配前菜，这瓶酒来自意大利“四雅”之一的奥纳亚（Ornellaia）。二星餐厅镇店级别的酒，在三星餐厅仅为前菜配

意大利『四雅』

西施佳雅（Sassicaia）、索拉雅（Solaia）、奥纳亚（Ornellaia）和嘉雅（Gaja）四家酒庄，
是意大利顶级葡萄酒的代名词，
又恰巧尾音相同，
被业界统称为意大利“四雅”。

明虾

酒，这不得不让人肃然起敬。三星之底蕴与气魄，与二星明显拉开了档次。

但别着急，好戏还在后头。

滴了橄榄油的嫩绿茴香汤汁里一方洁白的鱼，以熏黑焦香的烤面包和菜芽装饰，肉质细嫩到以勺为刀不用切就能入口。

番茄白豆意大利面及炸红鲻鱼，番茄配红鲻鱼算是经典搭配，而在主菜里加入意大利面却少见。点缀的茴香与前道菜相呼应，让又炸又酱的菜多了一丝清爽；意大利面煮得恰到火候，口感算得上是我吃过的上百顿意大利面里前三水平的。

最后一小撮炸小章鱼，味道像极了我小时候学校边那家炸货店的。据说人的味蕾没被打开时，始终觉得“小时候的味道”“妈妈的味道”是最好吃的，那么我这个形容，主厨听了应该不会失望。小章鱼再次用茴香奶油酱调味，茴香在主菜里运用得恰到好处。

撤掉餐包、酒杯，开始甜点环节。方切西瓜配冰沙清口，葡萄冰球、芹菜碎和苹果切片团成一朵可爱的黄玫瑰造型。两位漂亮的女服务生又端来新的甜品：新鲜的酥皮灌入奶油再蘸上满满的脆米，还有热乎的鲜切蛋糕。走马灯一样不知道多少道甜点过后，还有一大朵棉花糖上桌。

当我以为这就是全部时，服务生却像变戏法一样推来了一整个壁橱。30多种不同口味的巧克力糖豆！这让我想起了小时候幻想着承包商场所有巧克力的白日梦。我强装矜持地选了薄荷、桃子利口酒、椰子3种口味，其实味道不重要，最开心的是这种孩子般任性的选择权。

14道式套餐行云流水般下来，吃得人荡气回肠。由于篇幅有限，不能再介绍服务和环境的可圈可点之处，只能说Da Vittorio对得起“意大利料理标杆”的名号。今后再吃意料，我总以此为参考衡量差距。

菜肴之外，最让我深有感触的是Cerea家族“百年树人”的发展理念。他们愿意用几代人的努力去革新、发展意大利料理，在这一领域里做到极致，这会不会让一些急于“冲星”的餐厅有所反思呢？

糖豆壁橱

餐厅信息

餐厅名称：Da Vittorio
主厨：Enrico
地址：Via Cantalupa，1724060 Brusaporto（BG），Italy
营业时间：周三午餐时间休业
预约邮箱：info@davittorio.com
电话：+39 035681024
类别：米其林三星，海鲜，意大利料理
人均消费：100 ~ 300 欧元（不含酒）
官方网站：www.davittorio.com/zh

当美食遇到时尚

Trussardi Alla Scala

米兰作为欧洲的都会城市，可以说底气比巴黎和伦敦矮了一截。论历史、文化和艺术，除了达·芬奇《最后的晚餐》真迹与米兰大教堂，这个城市真没什么可看的了。

那么米兰的国际地位是怎么来的呢？

用钱堆出来的。

钱多了就要“炫富”，那么吃穿用度就怎么奢靡怎么来吧。借着新锐设计师的潮流，米兰一跃成为一个“时尚时尚最时尚”的城市。所谓三代培养一个贵族，老派欧洲贵族所讲究的繁文缛节，米兰新富豪一时学不来，索性自己重新定义了审美。

米兰大教堂边的拿破仑大街，是全米兰最贵的地盘——坐拥几乎所有的一线大牌旗舰店，俯瞰米兰歌剧院，转角就是大教堂。而坐落在这里的餐厅 Trussardi Alla Scala，也凭着近水楼台先得月的优势，强势插足米兰时尚界。

在米兰这样一个不靠海、远离优质食物原材料的摩登大都市，却偏偏要做美食，那就只能靠黄金地段的店铺打造国际声誉，高薪聘请最好的厨师，以及不惜成本地远距离运输生鲜食材。这就好像有钱人跑去内陆国家吃一顿空运三文鱼料理一样，味道是其次，关键是要象征品位和地位。所以，这家餐厅直接聘请了米兰时尚圈的大牌公关来做顾问，摆明了要把菜做成“意料界的爱马仕”。

米兰大教堂

如果你来了米兰，花半天工夫逛完了景点，或者是在奢侈品大道“买买买”到手软，来这家餐厅歇歇脚吃顿饭，是挺不错的选择。午餐菜单包含3道菜和1份甜点，要140欧元，算是对得起这块儿寸土寸金的地盘价位。

今天，和我一起坐在这儿吃饭的，是上面提到的被店家请来做顾问的时尚圈大牌公关朱丽叶。

我们知道时尚界都是看颜值的，前菜一上场就让人眼前一亮。这是一份扇贝沙拉——罗勒叶跟豇豆搭配赏心悦目的草绿色，又撒了黄色柠檬皮屑提亮，3块煎得外焦里嫩的肥美扇贝柱，每块有杏那么大。相较于“一口一盘菜”的米其林菜式，这分量绝对算是套餐的良心了。

朱丽叶的套餐则上桌了一份樱桃酱鹅肝，绛红的色调跟我这盘青翠倒是非常搭。法语里的鹅肝是 foie gras，翻译过来就是“肥肝”的意思，只要是通过“填鸭式”催肥的禽类鲜肝都叫 foie gras，所以很多时候，我们吃到的“鹅肝”其实只是普通的鸭肝，而且有时候还会是以鹅肝酱的形式呈现，真正吃到高品质鹅肝的机会不多。不过这次可是真正的鹅肝！这种有点油腻的顶级食材，往往要配一片面包来吸油，而这面包可以像粤菜中煲汤的汤渣一样舍弃不吃。入口的鹅肝，像巧克力一样丝滑细腻，不腥，却有浓郁而绵长的香气，更不会像铁板烧中的鹅肝一咬一口油。

吃掉鹅肝，转眼上桌了鲟鱼鱼子酱意大利面。鲟鱼鱼子颗粒分明，橄榄油非常提鲜，就是这意大利面一如既往地不方便入口。朱丽叶看我右手一个劲儿地用叉子卷面，很友好地安慰我说：“很多外国客人都会用刀切意大利面，为了防止客人出糗，我们现在这份面只会搭配叉子，让客人用地道的方法吃面。”我开玩笑说：“以

不要把意面煮熟

正宗的意大利面是夹生状态，
意大利人称之为不软不硬刚刚好的口感，
所以不要说意大利面没煮熟，
这只是文化差异。

扇贝沙拉

樱桃酱鹅肝

后说不定要为中国客人额外准备筷子了。”

我的主菜是北极黑鳕鱼。说起来，我连续吃了四五家米其林餐厅，几乎每次给女士的主菜都是鳕鱼。食材相似度如此之高，怎样才能脱颖而出？也难怪米其林餐厅格外看重创新性与独特性，讲究食材的品质，这都是有原因的。我面前这道鳕鱼的大胆之处是，它搭配了奶酪。意大利料理中有一条约定俗成的规则：不要在海鲜里加奶酪。这里的奶酪通常是指“parmigiano”，是意大利最经典的奶酪，口感浓郁，会掩盖海鲜的鲜味。这家餐厅的大厨却突破定式思维，为鳕鱼搭配了口感轻柔、香气略淡的 cacio 奶酪碎，既提升了鱼的鲜美，又不喧宾夺主。这一招很险，但是做得漂亮。

甜点时刻附赠了开心果巧克力雪糕。朱丽叶要了一杯玛琪雅朵咖啡，我吃得略饱，选了意式浓缩咖啡。她非常满意我没有和大多数人一样错误地选择卡布奇诺，夸我在吃饭方面已经是地道的意大利标准了。这大概是对咖啡有极致追求的意大利人对外国“吃货”的最高评价。

不要在上午 11 点后喝卡布奇诺

在意大利，
卡布奇诺算是一种像是豆浆一样的饮料，
多数是早餐来喝，
过了早餐时间再点就不太适合了。
如果喝不惯又酸又苦的意式浓缩咖啡，
不要兑水，
无论何时何地，
加奶泡的玛琪雅朵咖啡是永远不会出错的选择。

吃完饭，朱丽叶还分享了一个冷笑话：一个客人在意大利坚持要喝美式咖啡（即兑了水冲淡的意式浓缩咖啡，无糖无奶），“傲娇”的意大利服务生端上来了一杯意式浓缩咖啡和一杯热水，请客人自己给咖啡兑水。因为在意大利人的心中，他们是不会允许自己亲手做这杯“胡掺乱兑”的咖啡的。

搭配咖啡的甜点是经典的舒芙蕾。这款甜点用蛋清打发制作而成，从出炉到入口不能超过 15 分钟，吃的就是那份疏松酥脆感，所以外卖是不可能的。

咖啡

纵观今天的两份套餐，我的这份从清爽的绿色开始，以意大利面里的青葱为线索延续，用鳕鱼的绿色酱汁相呼应，直至雪糕上的开心果碎；扇贝柱、意大利面、鳕鱼的白衔接舒芙蕾的蛋白及柠檬冰沙。像不像一首清新的诗？朱丽叶的那份，从鹅肝上的樱桃红过渡到虾壳红，再到脆皮乳猪的酱红，直至树莓的紫红色，每一道菜都对应搭配的颜色，真的是太美了。

Trussardi Alla Scala 餐厅曾扬言要进军时尚圈，从这顿餐看来，也确实是有两把刷子。平心而论，这家餐厅的口味很适合中国人，吃不太惯西餐的朋友不用担心在这里饿肚子。如果预算有限，餐厅楼下是简餐咖啡吧，路过时顺便进来喝杯冷饮也不错。

餐厅信息

餐厅名称：Trussardi Alla Scala
主厨：Roberto Conti
地址：Piazza della Scala 5，20121 Milano, Italy
营业时间：周一到周六的晚餐时间为 20:00—22:30，周一至周五的午餐时间为 12:30—14:30
预约邮箱：ristorante@trussardiallascala.com
电话：+39 0280688201
类别：米其林一星，创意菜，时尚
人均消费：50 ~ 150 欧元
官方网站：www.trussardiallascala.com/en/restaurant

超市里的米其林餐厅

Alice Ristorante

是的，你没看错！人均消费1000多元的米其林一星餐厅，开在超市里。

说好的环境幽雅呢？说好的地段优越呢？想象一下大卖场里买菜大妈推着手推车从你身旁走过，是不是觉得不太美？

这个故事让我们从头开始讲起。

女大厨维维安娜出生在美丽的阿玛菲海岸，她有着女性特有的敏感，坚持选用最好的原料。她的餐厅供货商是意大利高端美食超市——Eataly。这可不是想象中那种风格的平民超市，而是非常有品位、有来头的餐厅超市鼻祖，就连时尚界的“老佛爷”都对它爱到不行。维维安娜对这家供货商非常依赖，为了确保第一时间拿到最新鲜的食材供应，她直接把餐厅搬到了超市里，就在Eataly楼上。要想吃饭，必须先进超市。

维维安娜的厨艺，在1999年获得了突破——那年，她遇到了一个改变她事业生涯的女人——桑德拉。有时候厨艺这种事，真的是三分天注定，桑德拉（Sandra）这个词，在拉丁语里，是一种鱼的名字。桑德拉以侍酒师的身份辅佐维维安娜，在男人的世界里，她们拼到了第一序列。

这是我在全世界寻访米其林餐厅的两年里所接触的唯一一位米其林女主厨，在厨师的行当里，不存在什么性别歧视，但它似乎一直以来都是男人的天下。也正因此，我决定写一篇文章来讲一讲Alice Ristorante。在这家餐厅里，维维安娜将她女性的敏感和细腻展现得淋漓尽致。在餐厅的女士洗手间

Eataly超市楼上的餐厅Alice Ristorante

ALY
Alice
RISTORANTE
HUAWEI P20 | P2
TUO DA 10
TIM
HUAWEI P20 | P20
UN NUOVO RINASCIMENTO
DELLA FOTOGRAFIA
EATALY
TODAY

里有一个藏酒的木盒，打开后里面是备用的卫生巾和卫生棉条，恰到好处的贴心关怀令人心头一暖。

擅长做海鲜的维维安娜与侍酒师桑德拉达成一致，她们做了一个很酷的决定：在这家只吃鱼的餐厅，仅供应白葡萄酒。那些上好的、可以提升餐厅水准和溢价的高级红酒，统统被放弃。店里的200多款藏酒全部为海鲜服务，这一份对大海的坚持，让Alice Ristorante从众多米其林餐厅中脱颖而出，令人无法忘记。

总之，这家餐厅大概是全意大利吃海鲜最棒的选择了。

高级餐厅里的食器都是经过精心选择的，哪怕是一个白盘子，也因为瓷质、磨砂、深浅不同而有不一样的质感。食器衬托食物，既要相映成趣，又不能喧宾夺主。在这里，有几次食器的上场都让人怦然心动。开胃小食环节，盛烤土豆的盘中放着一整块木头化石，旁边装饰着一小束鲜花沙拉，大有“病树前头万木春”的意境。

继而是一抹地中海蓝，浪漫温柔的波浪盘里是一整只海螯虾，虾黄做成了红珊瑚的样子。只此一色，维维安娜家乡阿玛菲海岸线的画面就浮现在我脑海中了。海螯虾用柚子汁调味，这一缕清爽的味道让肥嫩的虾肉更显鲜美。

用刀叉吃海鲜应该是大多数人的“心头恨”，能优雅地用叉子剥出一只虾，又不敲得盘碗叮当响，确实不是一日之功。因此人们去西餐厅吃饭，为了防止自己出丑，往往不敢选择海鲜。

而这家只吃海鲜的餐厅，会怎么为顾客解决这个问题呢？

一整条红鲻鱼上桌，配的餐具居然只有一把勺子。用勺子挖开鱼腹，原来已经贴心地去除了鱼骨。这下就不用担心用刀叉挑刺的问题了。

餐厅的镇店招牌菜要数熏肉汤海鲜意大利面（super spaghettino），搭配了鱿鱼丝和蛤蜊。细意大利面非常筋道，不是煮不熟的夹生感，也不是煮过头的粘连感，总之是恰到好处。汤汁鲜美入味，我吃第一口的时候眼睛都亮了，最后还特别跟桑德拉夸这份面是我吃过最棒的海鲜意大利面。

海螯虾

意大利阿玛菲海岸

如果想来 Alice Ristorante 吃饭又觉得太贵，那么单点一份意大利面就可以领会餐厅的灵魂了。这是我此生吃过最好的意大利面，它让我顿悟了意大利语中的“al denta（刚刚好）”，原来所谓恰到好处的火候，是这样一

招牌熏肉汤海鲜意大利面

种感觉。

米其林餐厅最喜欢玩的分子料理游戏，在这里同样出彩。

玛瑙盘子里盛着糯米纸包裹的核桃酱，海藻胶啫喱包裹了杧果酱，这种精细加工到肉眼看不出原食材的做法，就是米其林最爱的创意理念。白砂糖高温熔化拉丝后做成棉花糖，一个看似不是糖但明明是糖的食物；草莓千锤百炼做成仿真糖壳里面再塞草莓奶油，一个看似是草莓却不是草莓的食物……这些让人恍惚有种错乱的感觉。

这道甜点好似一块白色的石头，又像是被敲裂的鹅蛋，奶油脆皮里包裹着泡沫、咖啡冰激凌、酒精巧克力和烤杏仁，还撒了一点带香气的辣椒粉。另外一大盘，是鲜花簇拥的香蕉、草莓、核桃和花生。香蕉剥开啫喱外皮，里面是香甜的香蕉果肉泥；“伪造”的花生居然也可以剥开壳，真是好吃又好玩的可爱甜点。

我在饭后和桑德拉交谈，她特别强调年轻的厨师团队里有一位中国厨师、一位日本厨师、一位韩国厨师，可见餐厅主张的融合全球美味的理念不是虚谈，是的的确确在学习各家所长并坚持创新。这样一家坚持自己特色又能推陈出新做出创意的餐厅，是不可多得的宝藏，我也期待它能获得更好的成绩。

神似鹅蛋的饭后甜品

餐厅信息

餐厅名称：Alice Ristorante
主厨：Viviana Varese
地址：Piazza 25 Aprile, 10 20121 Milano, Italy
营业时间：周一到周六 12:30—14:00、19:30—22:00
预约邮箱：alice@aliceristorante.it
电话：+39 0249497340
类别：米其林一星，创意菜，海鲜
人均消费：50 ~ 150 欧元
官方网站：www.aliceristorante.it/en

天价小龙虾背后的万水千山

Le Clos Des Sens

中国的小龙虾狂热爱好者应该想象不到，在法国，一道“一虾多吃”的创意料理让一家餐厅摘得3颗米其林星星。如此看来，能起锅烧油爆炒出麻辣、蒜香、黄焖多种口味小龙虾的中国大厨，每一位都可以获得米其林提名。

事实真是如此吗？这登上美食金字塔塔尖的小龙虾有什么神奇之处？且听我细细道来。

小龙虾生活在淡水里，而欧洲最有名的湖，不外乎瑞士日内瓦湖和法国安纳西湖。安纳西湖水质清冽，是真正的阿尔卑斯山脉积雪融水，大名鼎鼎的依云水，就出自这里。这家吃小龙虾的餐厅，就坐落在法国最美小镇安纳西旁边，避开了熙熙攘攘的游客，又可以俯瞰一汪湖水和尘世生活。而这小龙虾，就来自眼前的湖区。

在一棵大树下安坐，这刚好是欣赏山湖景色的完美角度，太阳未落山，已然有岁月静好的安逸感。环顾四周，其他桌的客人也逐渐落座，每桌的服务生开始简单介绍晚餐。好似电影开场，客人们都静静等待属于自己的一场秀。

服务生呈上一封信笺：“今日的晚餐，主厨已经安排好了，请静候属于你的安纳西故事。”

这个略显神秘的开场白，让我们对即将上场的小龙虾新增了一份期待感。

打开蜡封的信笺，里面是一张安纳西的地图，上面草草几笔勾画出湖泊和山川。地图背面写着主厨劳伦特的寄语，大意是自己对美食的理解，以及具体到渔夫名字的食材供应简介。我早就听说过，对食材供应近乎偏执的大厨会钦点使用特定产区、指定渔民供应的食材，这居然是真的。劳伦特所烹饪的每一只虾,都是安纳西当地几位渔民用传统的网捞法捕获的野生小龙虾，在人工养殖和机械化生产的大环境下，“手工制作”和“天然捕捞”显得十分珍贵。

千呼万唤始出来，我的小龙虾活蹦乱跳地上桌了。服务生手捧石盘，

安纳西湖

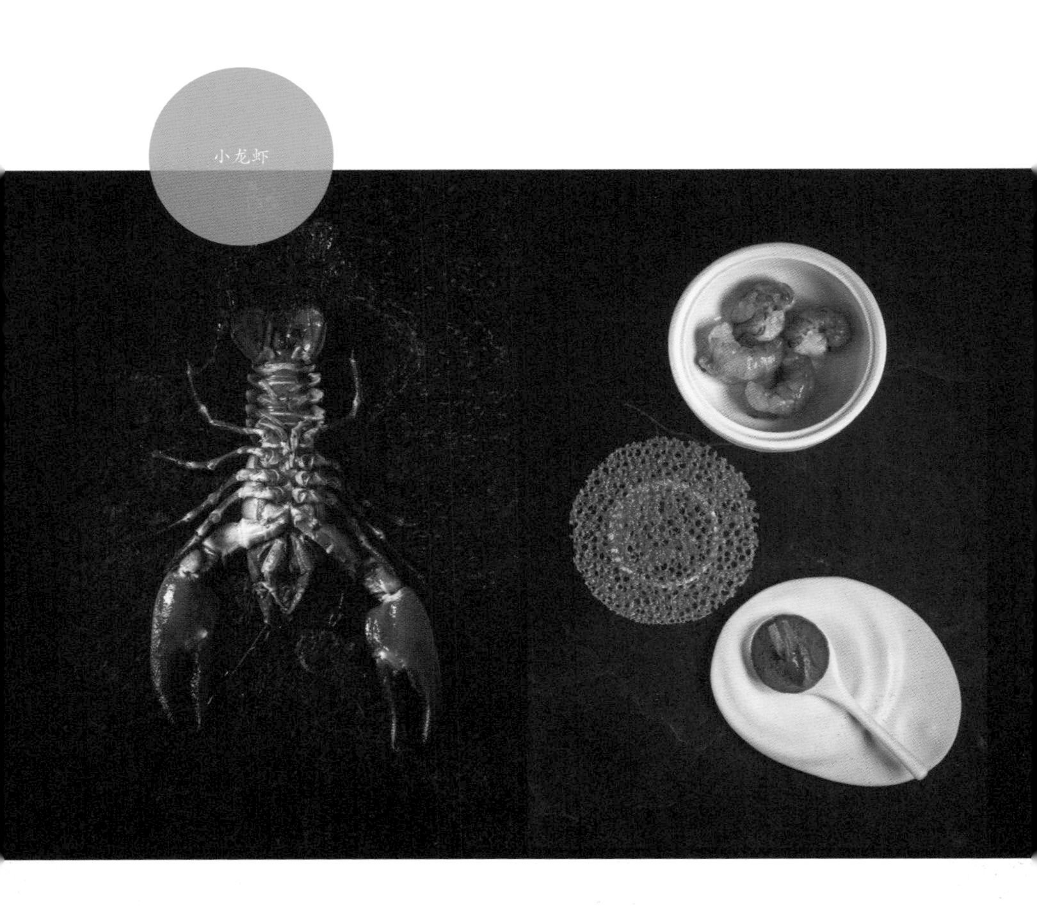
小龙虾

一一介绍小龙虾的结构，“生龙活虎”的小龙虾挥舞着钳子，看起来很是嚣张。服务生最后强调：石盘里的小龙虾一口都不会浪费，全部会被吃掉。

随后，一虾多吃的菜品上桌。熬炖的虾汤汁水与蛋液混合煎成薄饼；掀开薄饼，碗里是柠檬汁拌的刺身沙拉；虾头里的虾黄、虾脑堆成了一小勺，上面放着一只剥了壳的虾螯；最后，就连虾壳都炸成了饼干。真的是一口都没有浪费。

别着急，还没结束。

一个小盅上桌，服务生掀开盖子，里面有5只剥得光溜溜的鲜嫩的小龙虾。她徐徐倒上汤汁，再合上盖子，然后神秘地说，这是一道灵感来自东方的小龙虾。再掀开盖子，咦？汤汁不见了？吃顿饭还附赠魔术表演的？

服务生一脸“过会儿你就懂了”的微笑。我吃了一口，是高汤小龙虾的味道，很鲜美。我随后发现，原来这小盅底下有孔，刚刚的汤汁漏到了下层的碗里。这灵巧的装置怕不是从“黄药师”的桃花岛偷师学艺来的吧？

如果小龙虾的故事仅此而已，那显然是让人不够尽兴的。主厨的夫人耐心上前关照，让我猜一猜碗里的龙虾汤还有什么不同。她示意我用银勺在白瓷碗里寻找谜底，还给了我一个线索：环绕餐厅四周，说不定会有灵感。

我正在细细体会这“来自东方的灵感”，猛然想到餐厅里的一个细节：法式壁炉上铺着白色的鹅卵石，并刻意梳理出规整的线条。枯山水！这是日本禅宗文化的经典表现。主厨借鉴的东方元素，不是来自中国，而是来自日本。

我用勺子从碗里盛汤，不料挖出了一口凝固的蒸蛋，入嘴的一瞬间我便懂了老板娘的暗示：海胆蒸蛋。海胆，日本最常用的食材之一，从河鲜到海鲜的自然过渡，暗藏惊喜与魔术趣味的一勺蒸蛋，都对上了。

我回给她一个“我懂了”的表情。当夜吃完饭回到房间，看到茶几上有一本摊开的美食书，刚巧是这道小龙虾的制作流程。我感动于餐厅的用心，也佩服法国人的奇思妙想，将普通的小龙虾上升到艺术的高度，寄托着日法两国、东西方美食理念的融合，还为它出书立作。能做到这些，难怪这会成为享誉欧洲的一道菜。这样看来，这世界上最贵的小龙虾，吃的不是味道，而是背后的理念和创意，灵感是无法用价格来衡量的。

Le Clos Des Sens 除了招牌小龙虾，其他几道使用当地食材独创的菜肴同样令人惊喜。因为食材全部来自酒店周边，所以并没有花哨的松露、鱼子之类，多是湖鲜。洋葱做成一朵睡莲，橘子用糖稀吹出金钟罩，再普通的原料也能重获新生。

值得一提的是饭后甜点，以《追忆似水流年》里经典的长贝壳玛德琳蛋糕搭配一杯日式绿茶，朴拙的铁艺茶壶、白瓷茶杯，再一次让日本与法国文化巧妙联系起来。树影婆娑下，赏着南法的星空，遥想这一只小龙虾走过万水千山，牵线搭桥将日本美食文化元素引入法国的奇遇故事，好像一场仲夏夜之梦。吃过无数次小龙虾，许多店家更替，已经忘了名字，但是 Les Clos Des Sens 的这份回忆，应该是毕生难忘了。

餐厅信息

餐厅名称：Le Clos Des Sens
主厨：Laurent Petit
地址：13 rue Jean Mermoz 74940 Annecy-le-Vieux
电话：+33 450230790
类别：米其林三星，创意法餐
人均消费：100 ~ 240 欧元
官方网站：www.closdessens.com

橘子

月下餐厅

米其林三星满分答卷

La Bouitte

“米其林不懂中餐”的说法由来已久，许多人调侃它“脸大的盘子一口菜，中看不中吃”，而在我看来，不是米其林不懂中餐，怕是我们还不懂米其林。

动辄2000多元的一顿饭，绝不是普通老百姓吃的。米其林餐厅的受众，一开始就是那些食不厌精、脍不厌细的贵族阶级。这些人一辈子没挨过饿，什么名贵食材、地道风味都吃遍了，钟爱米其林是图什么？绝对不是因为这顿饭吃得饱或者味道好。用好不好吃或者吃不吃得饱来评价一家米其林餐厅的优劣，出发点就错了。

若说起环境和服务，我在欧洲曾到访的数十家米其林星级餐厅里，除了两家一星餐厅使用的是专属设计师设计的孤品餐具外，其余餐厅均使用整套的精致银器，更讲究一点儿的餐厅使用的还是刻了酒店名字的定制款。水晶玻璃杯、熨烫的桌布、西装笔挺的服务生和侍酒师、有隐私空间又体贴舒适的服务、私藏酒窖……这些并不是米其林餐厅“摘星”的加分项，在我看来，这些似乎是高档餐厅的基本配置。

那究竟怎样的餐厅可以拿到米其林三星呢？我在法国深山里找到了答案。

La Bouitte是父子共同经营的餐厅，坐落在法国南部大山深处的萨瓦河谷里。从2003年摘得第一颗星星到获得三星，这家餐厅只花了12年，算得上是突飞猛进。因此，我在评论这对父子时反复强调“天赋”一词，但儿子却谦虚地说，米其林冲星对他而言，只是一种选择。言下之意，就是“我钻研透了米其林的评星套路，按照评审员的喜好，看碟下菜，做出了符合米其林三星标准的菜肴”。这句话怎么理解呢？相当于说“我摸透了高考卷子的踩分点，所以努力了 3 个月，考上了清华北大”。

La Bouitte 的食材供应之精妙，表现在很多细节上。

开胃小菜有生蚝、熏火腿、白松露和牛肝菌。远离蔚蓝海岸的大山深处，每天从特定供应商那里获取的顶级生蚝，吐沙去筋，以哺育生蚝的新鲜

La Bouitte 餐厅

海水打制泡沫和啫喱，保留生蚝原产地的口感。石头切割制作成容器，热而酥脆的薄饼装饰着奶酪和名贵熏火腿，入口即化。白松露切片与牛肝菌搭配做成塔塔，香气逼人。单就食材来讲，这开胃小食就一下子和平价餐厅拉开了档次。松露珍贵稀有，在西餐里的运用，多数是主菜上桌前轻擦两片做点缀。而在三星餐厅里，这只是入门。

松露

松露被视为意大利和法国料理的名贵食材，
这是一种长在地下的菌类，
很难人工培育，
采摘也十分困难，
需要由经过培训的母猪用鼻子拱出来。
新鲜的松露切面有漂亮的大理石纹理，
带有大蒜和奶酪的混合香气，
其美味稍纵即逝，
需要严格保鲜、尽快食用。
高品质的白松露价格比黑松露更高，
每公斤单价一度超过黄金，
因此，在高级料理中使用松露被视为奢华富贵的象征。

以白松露开胃，前菜自然不能马虎。一道名为“雪”的前菜，带着豌豆尖清香的绵绵白雪之下，是颗粒分明、爆珠般爽脆的鲟鱼鱼子酱。

当然，单单堆砌高端食材是不行的，吃米其林菜品，得有《红楼梦》里描写的那种细致讲究——勉强吃一口松瓤鹅油卷的挑剔，梅花上的雪收在鬼脸瓮里埋3年才可泡茶的作劲儿。因此，La Bouitte在精致方面下足了功夫。

餐厅坐落在深山老林，许多只有在当地才生长的植物就被拿来做菜了。小盅上桌，里面一尾鱼，服务生端着透明的袖珍茶壶，往里徐徐倒入漂着白花的汤汁。她介绍说这小白花和旁边餐桌上花瓶里的花是同一种，餐厅外的草地上满开的都是它。这一簇无名野花，让人有“猛虎细嗅蔷薇”的微妙触动，我们在这里游玩无暇欣赏的花草鱼虫，都在这一口汤里呈现了。

这让我想起了之前吃过的一道鱼菜。食材是餐厅当地河谷的野生鱼，食物盛在一个对折成“V”形的银盘中，盘上面凹凸的纹理便是当地山脉的走势，这尾鱼寄托着主厨对家乡的感情，从山川到湖海。菜吃到这种程度，味道已

La Bouitte 餐厅主厨父子

白松露牛肝菌

"雪"

鱼汤

经不那么重要了。厨师像是一个艺术家，以食材为原料，表达着自己对这个世界的认识。很久之后，我可能忘记了那条鱼的味道，但是它承载的山川湖海却能让我时刻回想。

餐包上桌的时候，服务生用一把折叠刀切开奶酪，她介绍说这种刀是当地村民会随身携带的工具，他们用刀砍断挡路的树枝、削尖打磨生产工具，也用它来雕刻木艺装饰品。这一个小细节，让我感受到法国乡下人的淳朴勤劳。

甜点时刻，服务生端上桌一个古董雪茄盒，里面是马卡龙、小篮子里伪装成鸡蛋的小糕点，还有刻着当地图腾、盾牌模样的一块巧克力。

这套餐里，从切奶酪的那把折叠刀，到鱼汤里漂着的小白花，直至收尾的图腾，都不经意间把萨瓦河谷的美展现了出来，这里面不仅有自然山水的美，更有劳动人民的智慧。从这些菜品中，我感受到一种游刃有余的洒脱。信手拈来的种种创意融合在一起，就将萨瓦河谷展现在食客的面前。

作为一家法国餐厅，总要有点私藏的好酒，江湖地位才能站稳。酒的产区与食材搭配，算是西餐配酒的“潜规则”。好比吃着鱼米之乡的大闸蟹，最好喝一点江浙的绍兴黄酒；要是在草原上吃烤羊腿，那最好配满族人大碗干的马奶酒；新疆的红柳烤串大盘鸡，标配自然是“夺命大乌苏”。说着虽容易，但若一家餐馆集齐了北京的爆肚、重庆的脑花和大江南北的海参鲍鱼、牛蛙肋排，那得有多少好酒来配？La Bouitte 可是藏了数千瓶世界顶级的好酒，才能有这份底气。

在 La Bouitte 的酒窖里，有 1945 年的拉菲、《杯酒人生》里反复出现的那瓶白马酒庄的梅洛、罗曼宁康帝……这些掷地有声的名字，让人看到的瞬间心都醉了。许多人爱问酒的价格，因为数字是衡量价值最简单的标准。殊不知酒是不能这样算的。一顿顶级美食，哪怕是堆叠了各种高奢食材，人均消费也很难过万元；而好酒一开瓶，这花销是上不封顶的。米其林三星餐厅，衡量的不只是底线，它无限提升了高端餐饮的上限。更何况，喝得起拉

07

餐厅的酒窖

菲的人，却未必能喝得出拉菲的价值。真正的法国名流贵族，从呱呱坠地那刻起就开始被不计成本地培养，酒杯一闻一摇一品，对酒的品质高下立判；而没有这身世背景的人，喝过价值5万元的拉菲，也许会觉得和500元的张裕干红没啥区别，往往也很难再愿意“浪费钱”去开好酒了。

当晚侍酒师为主菜打开了一瓶万元级别的好酒，听到软木塞“噗”的一声，我瞬间身心愉悦。对这一顿“一生一次”的晚餐，隔壁桌的女士忍不住感慨了一句“I want to cry（我好想哭）”，这也的确是我当下的心情。

一个地区的一家米其林三星餐厅，是当地人文风俗、山水自然，乃至美学、历史、阶级和信仰的集大成者。这样一份米其林三星满分答卷，好比高考满分作文，品之妙哉，仿之难矣。

餐厅信息

餐厅名称：La Bouitte
主厨：René et Maxime Meilleur
地址：Hameau de St Marcel 73440 Saint-Martin de Belleville
电话：+33 479089677
类别：米其林三星，创意法餐
人均消费：200欧元以上
官方网站：www.la-bouitte.com/fr

“疯老头”和他的 17 颗米其林星星

Pierre Gagnaire

我对香港文华东方酒店的第一印象，是多年前张国荣的纵身一跃。那晚他站在酒店 24 层的健身房，留下遗言“我这一生未做错事，为何会这样”，义无反顾抛下了繁华的香港，只有风继续吹。

每年春天都有四面八方前来文华东方酒店吊唁他的人。他走之后，香港还是那个香港，繁华、时尚、国际化。文华东方酒店翻新装修，迎来送往，还新开了一家法餐餐厅。遗憾的是，他无缘享受了。

美味可以治愈一切

2006 年开业的香港 Pierre Gagnaire，来头不小。它的老板皮埃尔·加格奈尔（Pierre Gagnaire）曾被法国媒体称赞为 20 世纪八九十年代最具天赋的大厨之一。他成功革新法餐，开创了分子料理的先河，也因为天马行空的创意被誉为“厨师界的毕加索”。他一生摘下 17 颗米其林星星，曾经获得“世界最佳厨师”的荣耀。

我有幸在巴黎与老爷子有一面之缘，70 岁的皮埃尔满头白发，却依然神采奕奕，那股精神头强烈到可以感染他人。如此高龄仍然活跃在餐厅后厨，甚至在全球飞来飞去关照他世界各地的 Pierre Gagnaire 餐厅，还会亲自为客人上菜、浇淋酱汁，不得不让人敬佩。

如果 Pierre Gagnaire 早两年入驻文华东方酒店，张国荣或许就会偶遇一个“洪七公”一样鬼马而充满活力的怪老头。老爷子会满心欢喜地迎上来热情地握手，引导着他去尝尝新创造的美味，然后瞪大眼睛充满期待地等着一句评价。这份对食物和事业的投入跟专注，会让无心美食的人都忍不住咧嘴一笑。

因为，美味可以治愈一切。

与皮埃尔合影

“我已经成熟了，我不再怕餐厅丢掉星星”

“Pierre”的发音类似于圆周率的符号“π”，这家餐厅的标志，也是类似“π”的样子，但是皮埃尔坚称，这是一个小桌子，是在1965年——他生命中的转折点，一位丹麦设计师为他画的，沿用至今。那一年皮埃尔15岁，跟着法国料理教皇保罗·博古斯（Paul Bocuse）学艺，两年后担任餐厅主厨，年少成名。

后来皮埃尔的米其林星级餐厅遍地开花，所有荣誉大满贯，甚至可以说，他愿意接受奖项，是颁奖者的荣耀。

急流勇退，巅峰时期的皮埃尔曾经停业了米其林餐厅，放空自己去琢磨如何做到更好。20世纪90年代的法餐厨师还在钻研酱汁时，皮埃尔就已经开始尝试把各种风马牛不相及的食材加工重组。他也不时会创作出一些听起来类似“黑暗料理”的东西，比如“菠菜冰激凌”——谁说冰激凌一定是甜甜的冰奶油呢？厚重咸香的热冰激凌有何不可！

这就是皮埃尔的霸气所在。

“如果一定要定义我的风格，那是不存在的”

坐落在文华东方酒店25层的Pierre Gagnaire，有着香港最佳的维多利亚港景观，大落地窗外就是摩天轮。毕竟是人均消费2500港币的高端法式料理，来这里用餐，宾客们需要遵循严格的着装规范，男士不可以穿露脚趾的鞋子、任何长度的短裤、运动服和无袖上衣。如果穿了短袖polo衫，会被提供一件西装外套，更衣后才能入场。

站在香港之巅的华丽晚宴，于此拉开序幕。

无论单点还是套餐，首先，都有一长串小零食上桌开胃。甜瓜、吞拿鱼、椰壳脆、蚌兰叶、米纸包的肉馅榛仁……酸甜苦辣咸一股脑入嘴，好像打翻了调料罐，重重复杂的味道混合，却是像《射雕英雄传》里洪七公尝黄蓉做的肉："肉只五种，但猪羊混咬是一般滋味，獐牛同嚼又是一般滋味，一共二十五变，合五五梅花之数。"

老爷子特别喜欢生蚝，所以无论是巴黎总店还是各地分店，食客总能吃到不同地方、不同时令的截然不同的生蚝。这道生蚝的名字叫"Oyster

各式各样的开胃小食

special No.1, seabream tartare seasoned with plankton, crithmum and butter beans, Kombu seaweed mimosa style”。生蚝的完整配方大概是一门玄学，每个单词都认识，但拼在一起却成了天书。哪怕是给出了谜底，也要领悟良久。鲷鱼塔塔（seabream tartare）和黄油豆（butter beans）是好辨认的，kombu seaweed 应该是日本昆布（我们俗称海带），搭配了非常有日式特色的酱汁。

招牌生蚝

第二道菜上桌，看菜的名字，完全不知所云——Scallop mousseline, corolla of haddock, sweet onion fondue celeriac and black truffle melanosporum。继续来做阅读理解，扇贝片打底，鳕鱼肉为辅，甜洋葱、奶酪和黑松露装饰了一圈裙边。“fondue”一词特指又臭又黏稠的瑞士奶酪火锅，皮埃尔只用了一味食材，就让这顿晚饭从日本到欧洲，跨越了 8 个时区。

主菜是用肉桂和杜松子调味的鹿肉，红红的酱汁是蔓越莓和红菜头做的，配菜选用了中国特有的牛蒡，另加一碟清爽的沙拉，淋了白兰地，还有葡萄干、杏脯和苹果冰激凌。如此大胆的味道搭配，也只有皮埃尔敢冒险尝试吧。被质疑、被认可、被吹捧上天，天才总是走在世人前面一步。

好酒配好菜，世界顶级水晶玻璃杯品牌——醴铎（Riedel）的宫廷系列套杯中，缓缓倒入饱满的红宝石色的酒体，酒香四溢。

全世界的 Pierre Gagnaire 餐厅的甜点，都只有一个名字：皮埃尔的豪华甜点（Pierre Gagnaire's Grand Dessert）。这个可以称为伟大的甜点，足足有 4 道——糖渍橙子、杧果与椰奶、朗姆鸡尾酒冰沙、杯中提拉米苏，末了还附赠一份巧克力收尾。

如果你有幸和我一样曾经前往 Pierre Gagnaire 在巴黎的总店，有机会遇到皮埃尔还在后厨忙碌，你可以打包带走他为每一位前来用餐的女宾准备的一份晚安甜点，这份法式浪漫是巴黎美食界的一段佳话。

餐厅信息

餐厅名称：Pierre Gagnaire
地址：6，rue Balzac-75008 Paris
电话：+33 158361250
类别：米其林二星，创意法餐
人均消费：100 欧元以上
官方网站：www.pierregagnaire.com

注：位于香港的 Pierre Gagnaire 已于 2020 年 7 月底停止营业。以上为其巴黎总店的信息

皮埃尔的豪华甜点

Pierre Gagnaire 巴黎总店后厨

我吃的不是饭，是南美大陆的万水千山

Central

我对南美的向往，始于大山深处的“天空之城”——印加人遗留下来的马丘比丘。后来读了三毛在南美旅行时的随笔，一句“万水千山走遍”道尽了路上的种种奇遇。亚马孙雨林、女巫市场、羊驼木乃伊……每一个词都在召唤我。

最后触动我出发前往南美的契机，却是一家餐厅。这家餐厅的名字叫Central，是连续多年都在“全球50佳餐厅”里排到前5名的水平。遥远而原始的秘鲁能够诞生这样一家餐厅，真是不可思议。

全球50佳餐厅

一年一度的“全球50佳餐厅（Best 50）”榜单评选始于2002年，由英国《餐厅》杂志主办，被称为“美食界奥斯卡奖”，具有极高的权威性和影响力。南美洲还没有发布过《米其林指南》，因此整个南美洲没有一家米其林餐厅。不过许多优秀的餐厅，比如长期占据“全球50佳餐厅”榜单前列的Central，也非常值得前往体验。

我曾两次远赴南美，翻过雪山，穿越过沙漠，在南极看过出水的座头鲸和满山头的小企鹅。而我对这万水千山的概括，都融入了Central的一餐中。在Central，菜单是一串数字。数字代表食材生长环境的海拔高度，一顿饭下来，从海拔-10米水下的海藻和鱼，到0米地面上的蘑菇、青苔，再到400米丘陵的树上的豆荚、花果，甚至是3000米高空的飞鸟与云朵。在这里，人们可以在一顿饭的时间里，随着碗里的

秘鲁的马丘比丘

Central 展示当地食材的石桌

食物神游南美，感受整个亚马孙雨林的自然生态。

走过花园小径，院子里开着曼陀罗花，餐厅的过道里摆放着大药瓶子和风干的植物，餐厅里生长着两棵树。开放式厨房边摆放着一个巨大的石桌，上面展示着许多南美特有的食材。出现最多的是千奇百怪的土豆，南美是土豆的故乡，来了这儿我才知道土豆居然有那么多颜色和形状。不起眼的古柯叶，可以提取出可卡因，当地人咀嚼古柯叶来抵御高原反应。离开了黑白灰主色调的欧美地区，南美的色彩也丰富起来——藜麦是很多麸质过敏人士的主食代餐品，在西方非常受欢迎，没想到它原来这么漂亮。还有朝天椒，别看四川人爱吃辣，在辣椒从南美引入中国之前，四川人可只有花椒可吃。

这样想来，南美真的是宝地。柠檬、可可、咖啡、牛油果、玉米……许多常见的食物原来都来自这里。如果没有南美新大陆，我们的食材该多单调啊！

在海拔-10米的海岩峭壁上，生长着英国贵族喜爱的鹅颈藤壶。盘子里这长相狰狞的“怪物”，只在恶浪滔天的海域存活。每年为了抓藤壶而遇难的人不在少数，也让这稀有的生物身价暴涨。藤壶的味道都在这两颗黄色的软糖里，放进嘴里咬破，爆浆的液体混合着海鲜与辛辣的滋味，一下子就唤醒了味觉。一场舌尖上的南美之旅就此开启了。

从大洋湿润的海风转瞬就过渡到海拔180米的沙漠边缘地带。在这里，南美特有的马尾藻孕育着肥美的海胆，用小勺挖一块海胆，下面居然还铺着粉色的仙人掌果慕斯，果肉的酸味突出了海胆的细腻鲜美。再往大陆深处走一走，马齿苋上开着淡黄色的花朵，将其煎炸，还能尝到绿洲的气息。两米高的巨大仙人掌上结着带刺的果子，粉色的仙人掌果海绵蛋糕给沙漠带来一丝清凉。

接下来，土豆上桌。欧洲的土豆只用来做炸薯条、薯片和土豆泥，在中国还能做出醋熘土豆丝和土豆炖牛腩等。而南美土豆种类多，菜品花样也多。海拔1450米的地方，土豆是紫色的。生土豆切片捏花，土豆粉烤成石头块状面包，好一道“石生花”。

鹅颈藤壶

智利的阿塔卡马沙漠

与土豆搭配的是鸭肉塔塔。通常塔塔是用生牛肉来做，而鸭肉的味道比牛肉要腥，为了中和味道，旁边搭配了鸭蛋黄。

到这里，我摸清了规律，Central的食物多数会一实一虚交替出现——鸭脯肉和鸭蛋黄，表现了食材的两种状态。接下来吃到的食物，有时会把果子烤干呈上，再配一杯果汁；或者用山羊奶酪搭配羊排肉。在一道菜里，一味写实，表现食材本身的状态；一味以汤汁、粉末等抽象状态出现。在虚实相间中可以看到食材从初生到成熟的变化，不可谓不高级。相比之下，中餐追求的“美味”、法餐崇尚的“美学”、米其林强调的“创意”，都没能达到这样的高度。

画风一转，终于来到心心念念的亚马孙地带。亚马孙玉米磨面，做成酥香松软的一小块底托，上面装饰了太极八卦生鱼片。这鱼来头不小，是生长在亚马孙河里的巨大金龙鱼，足有3米长。秘鲁生鱼片是相当于中国北京烤鸭级别的国菜，但眼下的做法绝对是独具创意。

搭配生鱼片上桌的一盅汤汁是由一种叫作“ungurahu”的树的果实制成的。这种树在网上居然没有任何信息，只能通过一起上桌的白色种子来推测是一种巨大的果树。汤汁的味道很独特，在吃过生鱼片后喝，可以清洁口腔，让人们清楚辨别生鱼片与白色种子的味道。白色种子的味道很淡，吃起来有种吃棉花的奇妙感觉。

亚马孙河的第一次露面没有让人失望，但是这条大河里，还有更让人期待的美食。走进河谷，红绿交错的植被令人着迷。这盘“意大利宽面”的原材料，说来你可能觉得不可思议，居然是人参果。红绿两色腌制的人参果略带酸咸，原味的人参果片软烂甜蜜，用叉子拨开，下面居然藏着饱满的扇贝肉，味道清爽而鲜美。且不说高级食材的巧妙运用，这种挖宝的感觉，不正像我们在海边翻开石头、寻找小螃蟹或贝壳时的惊喜吗?

盘里的菜越来越像袖珍盆景，海边一座450米高、花草遍地的小丘陵被端上桌。我们翻山越岭，逐渐逼近核心地带。一种全新的植物——oca出现了。

用oca块茎做成的脆饼，和oca的叶子交替呈现，搭配了百香果家族的一种果子做的酱汁，酱汁里的白色来自一种美丽的植物——羽扇豆。

这道菜的所有食材我都没有吃过，甚至没有见过。但这道菜绝对不是为了创意而把所有没毒的新奇食材堆在一起摆上桌。为了强化百香果的元素，这道菜搭配的也是浓郁的百香果果汁。吃这道菜的感觉，正如我初到南美时的感受，这片新大陆太丰富多彩了，一次蜻蜓点水式的旅行根本不能体验它的全部。我甚至开始惭愧于自己的知识储备，原来我对南美知之甚少。

我继续在餐桌上云游南美，幻想自己是在雨林里徒步的旅人，眼望着前方高耸入云的2600米高的大山。牛油果酱汁与褐色、黄色的藜麦堆起的高山，被鲜虾清汤浇出一道河谷。牛油果山被冲刷出蜿蜒河道的一瞬间，我才醒悟过来，原来这道菜在告诉我们亚马孙生态的形成。河谷里藏着虾肉粒和牛油果粒，混合着酱汁，味道鲜美而层次丰富，但我却不舍得破坏这刚形成的高山河谷。

登上4000米高的荒芜高原，在青藏高原般的空气稀薄地带，人们的皮肤被晒得黑红，呼吸开始急促。这是整套菜肴里“海拔”最高的一道菜。在这里，氧气稀薄，原住民的生存环境可以用恶劣来形容。Central用这道菜告诉我们，仍然有许多人在食用着单调无味的食物。土豆用黏土包裹住加热烤熟，一整盘“石块”被端上桌。服务生现场敲开黏土，示意我们蘸着用当地植物做的酱料吃。这道菜口味极其单调，让人们不禁感慨，就是在这样贫瘠的土地上，人们尝试着搭配并不断改进，居然创造出这么多美味的食物。

如果要用一种生物来代表亚马孙河，那么非食人鱼莫属。它拥有锋利的牙齿、强劲的咬肌，团队协作攻击，只要三五秒就能把落入水中的动物吃得只剩白骨……肉质粗厚且非常腥的食人鱼并不好吃，人们对它更多的是一种好奇。这道菜一上桌就带着杀气，食人鱼头龇着尖牙，表情狰狞，让人害怕。只选取食人鱼皮，裹上木薯粉炸酥，这道菜从配色到造型，都像一条条抽象版的食人鱼。

印第安人

食人鱼

翻过山，蹚过水，终于到了富饶的原野上。当年西方的殖民者来到南美，不仅带来了杀戮，也留下了现代文明。十字架与信仰、通用的西班牙语、熏火腿的工艺……自那时起，这片大陆上书写了新的历史。下面这道菜的食材辨认几乎让我崩溃。菜名里的“bellaco”一词根本找不到任何词条解释，后来我才发现这原来是一种名为“barranco”的熏火腿，被西班牙语的发音给带偏了。而我之所以把它和熏火腿联系到一起，是因为这道菜里白色的泡沫是熬炖熏火腿的高汤。菜里黑色的高汤来自亚马孙海螯虾，泡沫之下是鲜嫩的海螯虾肉；那么熬炖熏火腿的白色泡沫，覆盖着的必然是熏火腿。这道菜最大的特色就是将熏火腿与海鲜搭配，呈现出复杂而浓厚的香气。

随后，不同生态系统的食材陆续上桌。白嫩的章鱼、黑暗的墨鱼，搭配海菠菜，这是清爽的海底世界。哥斯达黎加特产的土豆与山羊排的厚重组合，正像是南美绵长的山脉——安第斯山脉。

长舒一口气，至此，我已经吃了足足14道菜。厨师像一名向导，带着我们在广袤的亚马孙雨林里兜兜转转了许久，终于来到了出口。临别离，乘直升机俯瞰雨林。浅白色的云母块好似朵朵白云，透明的啫喱便是如瀑的大雨，降落在碧绿的雨林里。剑麻粉末与绿色的“植被”之下，还有用两种巧克力冰激凌做成的“土壤”，一深一浅两种颜色似乎象征着不同的土质。多么形象而又生动的自然讲堂！

最后再饮一杯草药汤。树皮上两块长着苔藓的饼干，杯里倒上饮料，一粒粒滚动的水珠像潮湿岩石上生长的念珠藻。据说雨林里的萨满法师会做一种药水，人们在经过斋戒、祭祀和各种严密的宗教仪式后喝下它，能够看到前世今生。我没能鼓起勇气尝试。

但好在，这片遥远大陆的神秘气质，以Central之一餐，便可领略三分。

山雨

玻利维亚的女巫市场

餐厅信息

餐厅名称：Central
主厨：Virgilio Martínez
地址：Av. Pedro de Osma 301，Barranco，Lima 15063，Peru
电话：+51 12428515
类别：创意料理、"全球50佳餐厅"之一
人均消费：120美元以上
官方网站：www.centralrestaurante.com.pe

第四章

名厨专访

从食客的角度看美食，就像是戏台前的客人听曲儿。要是想更深入地感受它的魅力，就得去后厨，和创造美食的艺术家聊一聊。我很荣幸曾与多位知名大厨有过一对一的深入沟通，在美食品鉴的道路上，他们给我这个初学者很多指点和启发，令我受益匪浅。从厨师的视角看待食物，会有什么不一样呢？

解读东方美学

泛舟西湖，掠过杨公堤，穿过石拱桥，在莲叶间停靠码头。拾级上岸，把杭州城的喧嚣抛在脑后，一餐别具一格的怀石料理即将为我们呈现。坐落在西子湖畔的曼殊怀石料理，因为人均近3000元的消费在杭州轰动一时。只设8人席位，至少提前一天预约，这家日料店，真的有传说中那么惊艳吗？

曼殊怀石料理的大落地窗前，是日式“枯山水”园林。以石为水，呈现出水流的波动；以石为山，不着花木。在日本，僧侣们常以枯山水来禅修冥想；到了曼殊，则以山水景致配美食。

想要有私密的环境享用料理，可以跪坐在包厢里；而更高级的体验，则是板前料理。所谓板前料理，就是指顾客和厨师之间相隔一条长板（寿司台），厨师当面完成料理。因为可以面对面沟通，板前师傅可以预判客人的喜好、饭量，灵活调整餐食的内容，就像是即兴演奏，随时都可能有惊喜。

受《寿司之神》的影响，人们通常觉得上了年纪又有地位的板前师傅都有自己的脾气。日料店规矩多，很多人第一次吃板前料理，都战战兢兢生怕出错。但曼殊的师傅是来自宝岛台湾的青年一代——阿玹和阿玮两人，一个在台前张罗，一个在后厨忙活，配合默契。他们自带台湾腔普通话独有的幽默感，热情地和客人打招呼，还会讲冷笑话，让原本严肃的板前料理变得轻松自在。

板前料理没有固定食谱，看着师傅像“哆啦A梦”一样在柜里翻腾，食客的胃口被吊高。你永远不知道他会在新一道菜里加入什么高级食材，是肥美的紫海胆还是蓝鳍金枪鱼？

曼殊

枯山水

板前料理

寿司

石碗盛着莼菜青梅冻上桌。时值夏初，莼菜正嫩，紫苏花盛开，石碗盛着莼菜青梅冻带来夏天的感觉。酸甜开胃的梅子味和莼菜淡淡的鲜味混合入嘴，唤醒味蕾，其他的感官也跟着敏感起来。

随后是一缕荞麦面，面里加入了富山湾的白虾，还有大如手掌的北极贝的裙边。随后，阿玹在面上淋了青海苔芡汁，再点缀上新鲜的小葱，一碗满眼绿意的荞麦面上桌。

在客人吃面的时候，师傅会顺带聊聊这些海鲜的小知识。盛产白虾的富山湾，还有一种特产，是夜里发光的荧光乌贼，这种乌贼的味道很独特。被他这样一讲，日本海湾的样子在眼前具体起来。

寿司台前，欣赏寿司制作过程自然是最让人期待的了。师傅手指翻飞，指尖像在跳舞一般翻动着饭团和生鱼片。据说握寿司的力度非常微妙，要像捏小鸡一样小心，不能太用力。但力度不到位，饭团又会松散开，这是非常考验师傅功底的。

曾经来过曼殊的食客说起“罪恶卷”，眼睛里都会放光。一卷“罪恶卷”，涵盖日料三大顶级食材——和牛、海胆、金枪鱼。招牌“罪恶卷”裹上和牛、肥嫩的马粪海胆、蓝鳍金枪鱼大腹，顶级的食材以及高热量，让人吃完不免有些罪恶感，不得不绕着西湖跑一圈才好。在高级日料店里，这一块金枪鱼大腹，就是几百元，吃下眼前这一卷寿司，相当于吃掉不少人1个月的生活费。

几贯寿司之后，师傅也累了，最后一道菜，客人自己来做吧。桌上端来滚烫的鹅卵石，两方A5级和牛置于石上，刺啦冒油。石上的和牛肉质鲜嫩，雪花般的脂肪掺杂在肌肉纹理间，像是大理石花纹。入口即化的口感以及烤制的香味、热气、声响，让这一道菜像是一曲美妙的交响乐。

在曼殊吃饭，更多的是体验一种仪式感。美好的一餐之后，望望窗外，明月林间照，清泉石上流，诗意盎然。

滚石和牛

凯迪 X 阿玹

问：板前料理通常有几道菜呢?

答：从前菜开始——通常是几道不同的刺身，然后是寿司、烤和牛、味噌汤、甜品和水果，总共有十一二道菜，有时候还会给客人加菜，一定不会让客人饿着肚子离开的。

问：在食材的选择上有什么独特之处吗?

答：店里用到的食材，都是精心挑选过的，包括店里的锅碗杯筷，都是从日本买来的。我自己也会从台湾背一些大陆买不到的调味料来。像店里用到的羽立海胆，它是“寿司之神”小野二郎钦点的必用食材，每年产量很少，需要竞拍才能获得，所以价格一直居高不下。

问：料理的食材都是从日本空运来的，如果用不完，剩下的食材会怎么处理呢?

答：我会拿来煮夜宵，哈哈。比如和牛的边角料我会用来炖土豆，很好吃。

晚宴后，我如愿吃到了阿玹做的“私房菜”——土豆炖和牛，感觉这是当晚最好吃的一道菜，我开玩笑说他把最好吃的东西都留给自己吃了。

凯迪 X 阿玮

问：在板前料理中，厨师与客人之间的沟通很重要，相比日本料理店严肃、规矩多的风格，曼殊的主厨是怎样营造出轻松愉悦的沟通氛围的呢?

答：每个料理人想创造的用餐氛围都不一样，我个人比较喜欢把顾客当成是来家里吃饭的朋友，能轻松聊天，又保有一定的出餐品质。

问：曼殊的熟客制度有什么特色吗?

答：熟客会有一定的优惠，以及特定的餐点。

问：日料对食材的选择很讲究，您有没有自己偏爱的食材?

答：对于食材本身，当地食材、当季食材是品质最好的。

问：有什么想对美食爱好者分享的话吗?

答：希望大家支持当地食材，减少自然资源的浪费。

餐厅信息

餐厅名称：曼殊怀石料理
地址：杭州市八盘岭路1-1号，紫萱度假村内
电话：0571-88867888
类别：日式料理，怀石料理
人均消费：2000元人民币

邂逅“日本料理之神”小山裕久

你可能没吃过怀石料理，但是你一定听说过“日本料理之神”小山裕久。作为日本料理界的传奇人物，小山裕久是正统的日本怀石料理传人。他自己经营的料亭“青柳”拿下了米其林三星，而门下3位弟子的料理店——山本征治的“龙吟”、神田裕行的“神田”、奥田透的“小十”，也都摘得米其林三星。不仅如此，他还把自己做料理的心得和理解编辑成书，这本《日本料理神髓》，也成为世界各国“吃货”们的日本料理启蒙之书。可以说，小山裕久凭一己之力，把日本料理文化在本国发扬光大，又让其名扬海外。

2019年春天，小山裕久亲临上海，在中式素餐厅福和慧品尝“器·味”春宴限定套餐，这是福和慧主厨卢怿明先生联手3位日本陶艺家专门定制的春季菜单，两位名厨大家的灵感碰撞轰动了上海美食圈。我也有幸在现场见证了这一历史时刻。

福和慧餐厅一直被食评人称赞为“中餐走向世界的希望”，因为它在用中国和外国人都喜爱的方式讲述中式风情。茶道、食器、食材、时令，拿捏到位，且创意新菜单频频出彩，让人永远充满期待。

比如这道经典的上海本帮菜扣三丝。扣三丝主料应该是金华火腿、鸡胸脯肉和冬笋，而福和慧的这道素三丝，你能猜出是哪“三丝”吗？答案是莴笋丝、茭白丝、豆干丝。盛放扣三丝的大村刚的器皿深沉厚重，调制扣三丝的汤汁却是清冽的，以纯素的辅料熬炖出高汤的鲜美，足见功底。

福和慧的经典菜品牛肝菌，换了一种出场方式。盐烤牛肝菌用小树枝穿着，密封在玻璃罐子里上桌。揭开盖子，待烟雾散去，蘸白芝麻酱来吃。为这道菜选用的餐具是大谷哲也的白瓷盘，化繁为简，毫无多余的设计，把牛肝菌衬得色彩明亮。当菜品高调时，盛器则显收敛。

不论是名贵菌菇还是寻常蔬菜，在这套春季菜单里都好似脱胎换骨，呈现全新的面貌。如此独特的晚宴，也让小山裕久先生赞不绝口。

宴席间，小山裕久讲述了自己对食器和食物的理解。

“在拿到器物的时候，你要对这个器物的制作者以及其本身的设计、年

扣三丝

何文安 / 摄

食器之美

何文安 / 摄

春宴·蚕豆

何文安 / 摄

代有所了解，然后根据器物的花形和器形，找合适的食物去对应。

“比如一个碗，底部画了一棵树，枝丫延伸到碗的壁面，这个时候你把食物放进去，一定要注重汤汁的高度。如果汤多了，把树给淹了，那么汤汁和树都是很寂寞的，它们不能相望，所以汤汁一定要给树空间，让树可以呼吸，这样它们才能在一个平面上共同生活。”

如此有深意的一顿晚宴，有没有撩拨到你的春心？

凯迪 X 小山裕久

问：您所理解的日本料理的匠心是什么？

答：第一点，料理要用心为客人做；第二点，技术要有，但是不能忘记用心。

技术是必备的，如果哪里有不足，就必须去努力学习。但是不能以努力为荣，最重要的是爱，以及怎么把爱意表达给客人。所以料理做得好并不是一件值得料理人自夸的事。打个比方，职业棒球选手里面没有人会很自豪地说“你看我棒球打得很好吧”，但是现在很多料理人会因为自己厨艺好而骄傲。

技术是用来工作的，最重要的是你能为客人做多少。当然，没有技术的人就更不用谈了。我觉得每个国家的人都是这样的，所以我无论去哪个国家都能和他们聊得来。这是非常简单明了的事情。

问：现在越来越多的外国人迷上了日本料理，您作为最早和法国大厨卢布松、中国美食家蔡澜等国际大师接触的日本顶级厨师，觉得在日本料理的文化推广中最困难的是什么？

答：和外国人没有关系，重点是日本人是不是理解日本料理，有没有觉得日本料理很厉害。日本人都有点“绝技不外传”的心思。我知道很多外国人做的日本料理都超级棒，但是还是有很多日本人会觉得“你们懂什么，我们日本料理有400多年历史了，只传自家人”等。所以很多外国人来了日本也学不到东西。

再一个就是语言问题。有很多人把话说得很笼统模糊，让你听不懂，他们是故意的。我两年前在东京大学组了一个自己的团队，就是为了让大家体验日本料理。好好说、好好教的话，大家谁学了都会做好的。

最后一点就是刚刚说的“心”。确实有一部分日本人特有的想法很难理解，但这是民族特质决定的，没有办法。所以真的想让大家来日本体验一下真正的日本料理。

餐厅信息

餐厅名称：福和慧
主厨：卢怿明
地址：上海市愚园路1037号
电话：021-399809188
类别：中餐，素食
人均消费：1065元人民币

餐厅名称：青柳（Aoyagi）
主厨：小山裕久
地址：东京都日野市新町1-6-4
电话：+81 425810102
类别：日式料理
人均消费：5000元人民币
官方网站：www.aoyagi-group.jp/aoyagi

世界第一餐厅主厨与中国的不解之缘

终极“吃货”们都有一个梦想：在世界排名第一的餐厅吃一顿饭。这个梦想似乎对大多数人来说，都遥不可及。但令人意想不到的是，世界第一餐厅的主厨，居然与中国有着很深的渊源。

2019年，坐落在法国蔚蓝海岸的Mirazur餐厅夺得桂冠，成为当年全球最佳餐厅。餐厅主厨莫罗（Mauro Colagreco）在一年里横扫各大餐厅奖项，赢得大满贯；而得到世界第一的荣耀时，他一度哽咽地说道：“我感觉自己拥有了全世界。”

在世界各大明星主厨中，莫罗或许是最频繁出现在中国的一位。位于南京颐和公馆酒店内的百年西餐厅Le Siècle，便是由莫罗本人亲自创建的法餐厅，并且由Mirazur餐厅的法籍副厨师长西尔万（Sylvain Dalle）坐镇。除此之外，他也多次出现在北京香格里拉饭店的AZUR聚餐厅，以及2018年开业的澳门美狮美高梅酒店的盛焰Grill 58餐厅。

是什么原因让莫罗对中国流连忘返呢？

答案是北京烤鸭。

莫罗在接受我专访时特别强调了自己对烤鸭这道美食的痴迷。他还曾经专门拜中国师傅学艺，自己上手制作烤鸭，而且对自己操作烤鸭挂炉的技术很满意。可能是因为在法国不好搭炉子烤鸭，所以他只好每年找理由飞来中国解馋吧。

当然，以上只是我的猜测。实际上，莫罗有着“无国界主义”的厨艺理念。对莫罗而言，“从哪里来”这个问题，答案很复杂。他是出生于阿根廷的意大利人，从小在南美学习厨艺。成年后他带着对家乡的期待和对美食的热情来到罗马，继而前往巴黎，最终在法国蔚蓝海岸开设了自己的餐厅。

这家餐厅位于法国与意大利边境，又与西班牙隔海相望。因此，莫罗可以选用法国、西班牙的新鲜食材，用融入自己家乡意大利特色的创意烹饪技巧，制作出专属的独特美味。法餐？意餐？阿根廷菜？都不是，它是融合的，独一无二的。当食物不再被菜系束缚，就会有更多可能性。

莫罗最著名的代表作“森林”，就源于此。他在这道菜里加入了中国云南的松茸和东北松树下的黄菇。如果在法国，“森林”里的蘑菇可以替换成当地特产的羊肚菌，或者其他当地食材。莫罗曾说，在地球上，森林是一个很包容的体系。这道菜代表着它的文化，它的包容。如果一道菜里，可以有欧陆的食材、南美的创意、东方的底蕴，那它就会是一道集世界之大成的菜，这将会是一次法国、阿根廷、中国美食的共同胜利。

正因如此，莫罗才会对中国充满好奇，每年抽出时间来中国学习，尝试把更多元素融入菜单。

在蔚蓝海岸，Mirazur餐厅坐落在芒通小镇的悬崖上，面朝大海。这个盛产柑橘的小镇，距离最近的意大利菜市场只有2000米；而莫罗为了增加食材的丰富度，还在餐厅后开辟菜地，亲自种植。

黄昏降临，窗外的大海逐渐被夕阳染红，这是法国南部最迷人的时刻。

服务生会送上新鲜的“分享面包”。这是Mirazur餐厅的保留项目，即使菜单常新，但“分享面包”永远不变。看似普通的面包，重点在于分享。对阿根廷人来说，家人是生命里的重中之重，一切美好的事物，都要和家人分享。莫罗的祖母曾经对他的烹饪生涯产生重要影响，因此，莫罗使用了祖母的配方制作“分享面包”，告诉大家家人和分享的意义。

与面包一同呈上的，还有柑橘味橄榄油。以意大利的吃法融合法国当地的柑橘食材，表达出“无国界主义”美食理念。同时，还有一张写有南美诗人聂鲁达诗篇的贺卡，借由诗人之口，表达出“simple but deep（简单却深沉）”的意蕴。

随后，美味逐一登场。吉拉多生蚝、乳鸽、芦笋、菊苣，种种食材经过华丽变身出现在眼前，好像一场视觉盛宴。这也再一次印证了那句话：世界顶级的美食，已经超出了“饱腹”或“美味”的范畴，上升到艺术和文化的高度。

凯迪 X 莫罗

问：获得“世界第一”之后，您有什么感想？是否感受到压力？

答：我很荣幸获得这样一个成绩。通往“世界第一”的道路漫长而艰苦，这个成就不只是对我个人的认可，也是我的家人和团队的荣誉。我知道在成为“世界第一”后，客人的期望会越来越高，但这不是压力，而是动力，可以让我付出更多，以满足客人对我们的期望。

问：把餐厅引入中国，有没有遇到障碍和困难呢？

答：这个过程的确花了一些时间。

首先食材的品种和质量大不相同，但厨师的工作就是适应食材多样性和不同客人的口味。

除此之外，文化差异也是一个挑战。但当我们敞开心扉，投入精力和时间，就会看到成效。这个过程是迷人的，因为它不断激发我的创造力，也让我把中国的烹饪技巧和想法带回了我的餐馆。

南法蔚蓝海岸

餐厅信息

餐厅名称：Mirazur
主厨：Mauro Colagreco
地址：30，Avenue Aristide Briand，06500 Menton，France
电话 +33 492418686
预约邮箱：reservation@mirazur.fr
类别：米其林三星，创意法餐
人均消费：150 欧元以上
官方网站：www.mirazur.fr

后记

美食的意义，不只是好吃

这本书初稿完工于2019年5月，在当时可谓是呕心沥血，写完后好像身体被掏空。为了让文章看起来不那么业余，我查阅了大量资料，不计成本地一家店一家店去试吃，开着车到山沟沟里的葡萄酒庄园品酒，感受最细致入微的味道差别。那个时候我甚至练就了一些自己颇引以为傲的小技能，比如桌上的刀叉我拿起来便知道它是纯银、镀银还是做旧金属，比如根据菜式的摆盘和食材搭配来推测厨师流派和风格，甚至可以猜出他曾经在哪家餐厅接受过培训。在写完初稿时，我自负地认为自己是最懂高级料理的人，可以吃遍天下无敌手。

在等待书出版的日子里，我仍然没有停止对美食的探索。彼时我担任了携程美食林主编一职，为这个“中国版米其林榜单”服务。借工作的机会，我接触到了更多美食行业的前辈大师，也深度参与了2019年美食林榜单发布的全过程，这时我才逐渐意识到自己的浅薄和狂妄。原来那个仅凭着对美食的热爱和一些资料介绍就认为自己站在山巅的我，只是翻山越岭走到了起跑线前，和专业运动员的比赛才刚刚开始。

在携程美食林工作期间，我和评审团一一筛选餐厅、做背景调查、挖掘它的特色和潜力，好像淘金一样寻找让人心动的餐厅，眼见每一个城市美食榜单发布，在当地和“吃货圈”引发讨论热度。这段工作经历对我而言至关重要，让我从更高维度来思考美食的意义。

美食领域里永远有“旧富”和“新贵”两个流派。米其林代表的西方高端美食标准，在大众看来总有种高不可攀的神秘感。这个榜单在进入中国后，持续保持着争议和高话题度，上榜的餐厅往往让中国食客自我怀疑，为什么我爱吃的馆子没摘星，从未听说过的餐厅反而拿了大满贯？随着消费力增强和民族认同感、自信心的增加，人们开始反思和批判米其林，认为米其林不懂中国，后来索性开始做中国人自己的美食榜。

我曾在澳门探访当下最火爆的“网红”餐厅，环境明亮、服务得体、菜式新颖美味，一切都很完美。这大概是“新贵”榜单的特色——自带豪气、审美到位，着实令人惊艳，可是缺乏底蕴。随后我在四季酒店的紫逸轩找到了这种缺失的气质。经过了11年米其林标准调教的老牌餐厅，从入场开始就多了一份熟悉的舒适感：私密安静的用餐环境，主厨到桌前问候，餐桌铺着熨帖的桌布，整套鸣海骨瓷——看似简单不着花纹的盘碗，是来自日本柴火手工窑制的瓷器，带有一种温润如玉的特有质感。紫逸轩不再刻意炫耀食材的尺寸，辽参切丝凉拌，龙虾去壳花刀切片，用更委婉的方式解构食物，这也是从“炫富”到“低调”的革命性转变。在吃喝方面已过度满足的“旧贵族”们，早已吃厌了四头鲍和一尺长的龙虾，对高级食材表现出来了倦怠感。因而，看似简单但含义深刻的细节将会是接下来中国高级料理追求的关键点。

我们可以从两份美食榜单中感受“旧富”与“新贵”两股势力的碰撞，并以此预判未来中国美食进步的方向。一方面，“旧富”仍凭底蕴占据着权威话语权，而“新贵”则重新定义标准引领潮流；另一方面，“旧富”尝试破局创新迎合新市场，“新贵”也始终在争取获得权威的认可。当年的传统法餐极度强调酱汁，而新锐厨师开创了分子料理，米其林榜单对新式法餐的支持，令创新料理与米其林榜单实现了双赢。那些仍在坚持评判传统酱汁的榜单逐渐被淘汰掉了，榜上的餐厅也换了招牌。不知道接下来的高级料理博弈中，谁会走得更远。

从一顿饭中思考这些有深度的问题，远远比讨论这顿饭好不好吃要有趣得多。

在美食这个行业，许多专业的食评人要靠多年的经验积累，才能有一定的话语权。而一本书的诞生，往往需要五年十年的积累。和同行相比，我的资历太浅了。想要评判一道鸭子到底好不好吃，要吃过50只鸭子打底，南京板鸭、北京烤鸭、桂花鸭、盐水鸭、八宝葫芦鸭……不同流派、不同厨师、不同品种的鸭，都要吃过，才能不偏不倚地评判这道鸭子味道如何。而当一个专业的食评人，是不能只吃鸭子不吃鱼的。因而，多年来一日三餐的沉淀、专业开发的味蕾敏感度，以及精准清晰的观点表达，所有因素加总起来，才能让一位食评人被大众和行业认可。

再回头看自己写下的文字，充满了幼稚和主观的判断，不够全面客观，更谈不上什么专业度。我甚至和编辑沟通，想要把书推倒重来，全部重写。编辑安慰我说："凯迪，你在美食的道路上还会继续深耕下去，每一年你回头看看之前的心得，都觉得不值一提，但这也是新人入门的必经之路。既然你希望借这本书给读者打开米其林的大门，那么初入新世界的迷茫、误判和回头路，也是他们将会体验到的。我们不是要写一本毫无错漏的学术书，拿去给行业资深人士来评判，而是要写下一个普通人走进米其林世界的真实体验。"感谢编辑的安抚，我才能鼓起勇气把这些自己看来已不甚完美、低于自己现有文字水准的故事发表出来。在排版之前，我又强行要求在书中新增了几篇文章，特别是几位主厨的深度专访。编辑在看过我的新稿之后，说："新加的几篇好像不是一个人写的，显得先前写好的文字有点粗糙了。要不你再改改？"于是，书的出版被再次推迟。一方面我头疼于脱胎换骨般的改稿，另一方面我窃喜于自己短时间内文字功底的提升。

整整一年，很多朋友关切地问我，书什么时候出？我都只能回答，快了，再等等。一年里，每当我对高级料理有了新的感悟和认识，就在想，要是这段心路历程放在书里该有多好。再到后来，美食于我而言，早已超出了"好不好吃"的概念，它已经变成了我探索世界的一扇窗。

当人们问我为什么执着于追求高级料理时，我会分享一个让自己热泪盈眶的经历。

我曾经在南美洲吃过味道惊艳的生鱼片，就是淡水鳟鱼用柠檬汁凉拌做成的小菜。在当地的集市上，往一个白浅盘里舀一勺汤汤水水，伴着高原猎猎的寒风快速吞下肚，酸咸的口感非常清爽提神。后来在南美的高级料理店我再次吃到，有学问的大厨见我是中国人，特意强调秘鲁人爱吃的生鱼片其实发源于中国，是当年来南美打工的华人就地取材发明的美食。这样微妙的冷知识，集市上的印第安老妈妈是肯定不会告诉我的。回国后，我仍然牵挂那道来自中国、邂逅于远方的生鱼片，于是在国内寻找。几经打探我锁定了广东顺德，这里特产淡水鱼，当年两广人民大量远赴南洋海外，也与南美有千丝万缕的联系。如今秘鲁语里的中餐厅便是粤语发音的“吃饭”，大街小巷的“CHIFA”一言不发讲述了文化交流的故事。为了印证自己的判断，我专程飞往顺德。当白嫩如雪的生鱼片上桌，拌上菜丝，淋了油盐，那股久违的酸咸清爽的香气扑面而来，所有的线索都串起来了。那一次我震撼于美食的伟大，它让中国与世界另一端的秘鲁建立了联系。这个故事无须用文字传诵，就流传在人们口舌之间。最伟大的厨师用最质朴的方式去讲述文明传播的故事，这便是我心中最高级的料理。

因为米其林距离人们太遥远，想用深入浅出的话把故事讲明白非常不容易。为了便于理解，我长篇大论去讲欧洲的文明、南美的雨林、《红楼梦》的典故，这些看似不相关的表达，正是我跋山涉水苦寻的美食的意义。

而我始终在路上，不曾停步。

附录

从预约到离场——米其林餐厅用餐全攻略

预约

不只是米其林餐厅，大多数高档餐厅都需要提前3～7天预约席位。位于中国的餐厅可以尝试大众点评应用程序上的付费预约或电话留位，这是目前效率最高、成功率最高的方式。国外许多餐厅可以通过官方网站预约，或者发邮件沟通，有一些名声在外的餐厅可能需要使用信用卡预付10%的担保金。也有不少古板的餐厅还没适应互联网的沟通方式，坚持着“熟客推荐制”的老派传统，多见于日本的餐厅。想要订到这些餐厅的位子，多数都需要当地人或与餐厅深度合作的当地酒店出面沟通。如果自己的人脉有限，可以尝试预订餐厅附近的豪华酒店，并拜托酒店管家代为预约，这也是酒店通常会提供的服务之一。

预约席位的时候可以提及自己的偏好，比如是否需要景观位，是否有求婚、生日等特殊仪式需要餐厅提前布置（通常餐厅会免费提供惊喜），也可告知过敏食材和忌口。

到场

为了避免一人早到空对着餐桌干瞪眼的尴尬场面，现在许多餐厅都专门设置了餐前酒吧。在吧台前简单喝一杯酒，或者在沙发休息一会儿，等同伴来了再一同入场，更有仪式感。

服务较好的餐厅会专门为女士准备一个小凳子来放包。

就座后餐桌上有时候会摆放着花样华丽的餐盘，但注意这只是装饰盘，为了不让餐桌显得空荡荡。正式用餐上菜时装饰盘会被替换走。

点菜

除了专业的食评人和资深老饕，一般人去米其林餐厅用餐的频率是极低的。而每家餐厅的风格千奇百怪，有的餐厅菜单只有卡通图，有的餐厅菜单是一串数字，每次点菜都让人压力很大，生怕出错。

如果不知道该点什么，可以大胆请服务生推荐店里的招牌菜，并以此为核心搭配套餐。如果是西餐，那么可以从主菜开始，根据预算选择是否加前菜、汤和甜点，不一定要点满完整的三道式。如果是分餐制的中餐，需要提前确认好分量，避免吃不饱或浪费。

当然最不会出错的点菜方法就是选择店里主推的品尝菜单，每一道菜菜量都很小，方便在一顿饭工夫里品尝到尽可能多的惊喜。如果一家餐厅的品尝菜单更新太慢，那在多次光顾时，就可以尝试预订主厨套餐，这套没有菜名的套餐全靠主厨根据当天的食材自由发挥，所以每次吃到的都不一样。

有一些餐厅的品尝菜单只接受预约，即使当天餐厅有空位，没有预约的客人也只能单点。所以保险起见，希望大家都做到提前预约，也让这顿美食显得更有仪式感。

高端米其林餐厅周末的晚餐往往很难预约，而工作日中午的客人最少。为了吸引客流，餐厅一般会推出只需套餐价格1/3至1/2的三道式商务午餐。如果对一家餐厅感兴趣，又不想第一次就花大价钱试错，可以考虑先品尝简单的商务午餐，这也是“打卡”米其林餐厅的性价比最高的选择。

需要特别注意的是，在西方，礼貌起见，女士菜单是不标价格的。中国的西餐厅曾出现过客人投诉“故意不标明价格违反消费法”的无奈笑话，所以近年来许多中国的西餐厅也为女士提供标注价格的菜单了。

用餐

如果是分餐制的用餐，一般会在开始端上面包篮和开胃小零食，有的餐厅还会附赠一小杯开胃酒。摆在餐盘左边的小圆盘和扁扁的黄油刀就是为面包准备的。它们会陪伴客人到主菜环节，然后和主菜一同撤下；水杯、酒杯等也会在用完主菜后一起撤下，换成新的，这意味着隆重的一餐结束了。接下来到了愉悦的甜品环节，客人可以聊聊天，放松下来。

在此期间，每道菜吃完都会被撤走，然后摆上下一道菜的餐具，可能是勺子，可能是叉子，并不总是刀叉并用。表示餐已用完可以撤走的信号，是将刀、叉、勺等餐具斜放到餐盘的右下角，像一笔“捺”。

虽然菜单上可能只写了1道甜品，但是正规的甜品要包含3道，分别是清口甜点、大甜点和花式小蛋糕，只是清口甜点和花式小蛋糕分量较少，被忽略不计了。

许多人（包括我）都认为吃米其林是一件非常难忘且值得纪念的事情，因此在用餐期间会忍不住拍许多照片。在不打扰到邻桌客人的情况下，简单用手机拍摄是没问题的。如果要使用单反相机拍摄，一般需要提前和餐厅沟通来获得许可。绝大多数餐厅不接受用餐期间使用闪光灯、补光灯和进行录像。有的主厨担心客人忙于拍照而错过食物的最佳享用时间，也会委婉提醒客人以吃为主，以拍为辅。

餐配酒

侍酒是非常优雅的体验，侍酒师会介绍一款酒的香气和味道，并讲解它如何激发菜里更鲜美的味道。如果对酒有兴趣，可以借机多品尝几款不同的酒。但餐配酒一般会同时混喝多款酒，酒量不好的朋友要控制，不然可能会像我一样，主菜还没上桌已经醉倒了。

小费

大部分餐厅会在菜单明确标注加收10%到15%的服务费，也就是我们常说的小费。如果没有，则可以按照当地习惯来支付小费。在有些国家，不付小费会被认为是对服务极度不满，因此在外国餐厅最好都要预留付小费的预算。目前在中国，暂时没有菜单未标明但服务生暗示付小费的情况，所以可以按照账单来支付。